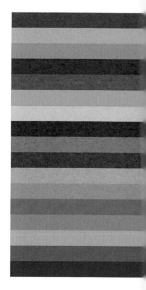

TRANSFORMING OUR WORLD:
THE 2030 AGENDA FOR SUSTAINABLE DEVELOPMENT

改变我们的世界：2030 年可持续发展议程

THE GLOBAL GOALS
For Sustainable Development
2030 年可持续发展议程研究书系

主　　编：蔡　昉
副 主 编：潘家华　谢寿光
执行主编：陈　迎

2030 年可持续发展的转型议程

全球视野与中国经验

A TRANSFORMATIVE AGENDA:
SUSTAINABLE DEVELOPMENT GOALS
FOR 2030
Global Vision and Chinese Experience

潘家华　陈　孜　著

社会科学文献出版社
SOCIAL SCIENCES ACADEMIC PRESS (CHINA)

"2030 年可持续发展议程研究书系"
编 委 会

总　序

　　可持续发展的思想是人类社会发展的产物，它体现着对人类自身进步与自然环境关系的反思。这种反思反映了人类对自身以前走过的发展道路的怀疑和扬弃，也反映了人类对今后选择的发展道路和发展目标的憧憬和向往。

　　2015 年 9 月 26 ~ 28 日在美国纽约召开的联合国可持续发展峰会，正式通过了《改变我们的世界：2030 年可持续发展议程》，该议程包含一套涉及 17 个领域 169 个具体问题的可持续发展目标（SDGs），用于替代 2000 年通过的千年发展目标（MDGs），是指导未来 15 年全球可持续发展的纲领性文件。习近平主席出席了峰会，全面论述了构建以合作共赢为核心的新型国际关系，打造人类命运共同体的新理念，倡议国际社会加强合作，共同落实 2015 年后发展议程，同时也代表中国郑重承诺以落实 2015 年后发展议程为己任，团结协作，推动全球发展事业不断向前。

　　2016 年是实施该议程的开局之年，联合国及各国政府都积极行动起来，促进可持续发展目标的落实。2016 年 7 月召开的可持续发展高级别政治论坛（HLPF）通过部长声明，重申论坛要发挥在强化、整合、落实和审评可持续发展目标中的重要作用。中国是 22 个就落实 2030 年可持续发展议程情况进行国别自愿陈述的国家之一。当前，中国经济正处于重要转型期，要以创新、协调、绿色、开放、共享五大发展理念为指导，牢固树立"绿水青山就是金山银山"和"改善生态环境就是发展生产力"的发展观念，统筹推进经济建设、政治建设、文化建设、社会建设和生态文明建设，加快落实可持续发展议程。同时，还要继续大力推进"一带一路"建设，不断深化南南合作，为其他发展中国家落实可持续发展议程提供力所能及的帮助。作为 2016 年二十国集团（G20）主席国，中国将落实 2030 年可持续发展议程作为今年 G20 峰会的重要议题，积极推动 G20 将发展问题置于全球宏观政策协调框架的突出位置。

围绕落实可持续发展目标，客观评估中国已经取得的成绩和未来需要做出的努力，将可持续发展目标纳入国家和地方社会经济发展规划，是当前亟待研究的重大理论和实践问题。中国社会科学院一定要发挥好思想库、智囊团的作用，努力担负起历史赋予的光荣使命。为此，中国社会科学院高度重视 2030 年可持续发展议程的相关课题研究，组织专门力量，邀请院内外知名专家学者共同参与撰写"2030 年可持续发展议程研究书系"（共 18 册）。该研究书系遵照习近平主席"立足中国、借鉴国外，挖掘历史、把握当代，关怀人类、面向未来"，加快构建中国特色哲学社会科学的总思路和总要求，力求秉持全球视野与中国经验并重原则，以中国视角，审视全球可持续发展的进程、格局和走向，分析总结中国可持续发展的绩效、经验和面临的挑战，为进一步推进中国乃至全球可持续发展建言献策。

我期待该书系的出版为促进全球和中国可持续发展事业发挥积极的作用。

王伟光

2016 年 8 月 12 日

摘　要

2015 年 9 月，联合国发展峰会正式通过了《2030 年可持续发展议程》，并确定了涵盖 17 大领域 169 项可持续发展指标的目标体系，构建在"5P 理念"之上的可持续发展目标体系正式接力联合国《千年宣言》中聚焦于发展中国家脱贫的千年发展目标体系，为未来 15 年各国发展和国际发展合作指明了方向。

本书首先对全球可持续发展的历史进程、重大阶段以及标志性事件进行了回顾，分析了《2030 年可持续发展议程》与可持续发展目标体系的转型特征，考察和评估了新议程中可持续发展目标的构建以及重点领域，并全面梳理了当今全球可持续发展的基本格局。同时，本书以全球视野和中国视角，分析了转型发展的理念与实践，基于在工业文明下可持续发展面临的困境，本书进一步探索了可持续发展治理体系的生态文明转型，审视全球可持续发展在资金、制度、市场、技术和人口等方面面临的各种挑战，并介绍了中国在实践可持续发展中取得的成绩与积累的经验。此外，本书解读了《2030 年可持续发展议程》作为转型议程对于全球可持续发展带来的导向聚焦的变化，展望了全球到 2030 年实现可持续发展目标的路径与前景，并强调了生态文明转型对全球实现可持续发展所具有的重大意义。

Abstract

The United Nations Sustainable Development Summit held in September 2015 adopted the 2030 Agenda for Sustainable Development and also confirmed Sustainable Development Goals (SDGs) which contains 17 goals and 169 associated targets. SDGs based on 5P pillar (People, Planet, Prosperity, Peace, Partnership) has officially taken the place of Millennium Development Goals (MDGs) built up in United Nations Millennium Declaration which mainly focused on poverty alleviation in developing countries. The new agenda provides guidance to national development and international development cooperation in the next 15 years.

This book first makes a review of the historical process, significant stage and landmark events of global sustainable development, and analyzes the characteristics of the new sustainable development agenda and Sustainable Development Goals. It also assesses and evaluates the goals and targets built up in the SDGs and the key areas and makes a comprehensive summary of the situation and trend of the global sustainable development. Then the book demonstrates the concept and practice of transformative development based on global vision and also from the perspective of

China. Given the difficulties we face in sustainable development under the pattern of industrial civilization, it further discusses the transforming of the sustainable development governance system to the pattern of ecological civilization, and looks at the financial difficulties, institutional dilemmas, market failure, technological limitations and demographic challenges of global sustainable development. The achievements and experience in the practice of sustainable development in China is also introduced. In addition, different orientations of the 2030 Agenda for Sustainable Development as a transformative agenda is analyzed, the path and prospects of achieving global sustainable development before 2030 are also discussed and the great significance of transforming to the pattern of ecological civilization for achieving sustainability is highlighted in this book.

目 录
|CONTENTS|

第一章 全球可持续发展进程的历史回顾 ……………… 001

一 人权与发展：南北鸿沟扩大的发展议程 …………… 001

二 环境与发展在联合国议程中的博弈 ……………… 003

三 从千年发展目标（MDGs）到可持续发展目标（SDGs） … 004

四 新千年目标的发展转型 ………………………… 006

五 "2015 后议程"中的生态文明导向 …………… 010

六 全球可持续发展的重大阶段 …………………… 012

第二章 可持续发展的目标构建 ………………… 022

一 可持续发展目标的提出 ………………………… 022

二 对于可持续发展目标的评估 …………………… 025

三 重点领域转型发展的总体评估 ………………… 040

四 评估具体目标和总体目标所用的标准和问题 ……… 042

五 部分目标领域的评估 …………………………… 048

第三章 全球可持续发展的基本格局 …………… 053

一 世界主要经济体气候、人口与资源的格局淡化 …… 053

二 世界主要经济体发展格局的变化 ……………… 058

三 各国可持续发展水平的总体评估 ……………… 064

第四章　转型发展的理念与实践……………………………… 076

　　一　工业文明道路的困境………………………………… 076

　　二　可选途径的比较……………………………………… 080

　　三　需要转型思维………………………………………… 083

　　四　合作转型……………………………………………… 086

　　五　加速转型进程………………………………………… 089

第五章　可持续发展治理体系的生态文明转型……………… 093

　　一　可持续发展制度建设的经验………………………… 093

　　二　可持续发展治理体系的生态文明转型……………… 100

　　三　生态文明治理体系构建……………………………… 104

　　四　生态文明治理的制度体系…………………………… 108

　　五　生态文明治理体系的要素与关联性………………… 112

　　六　改进生态文明治理体系……………………………… 115

第六章　全球可持续发展面临的主要挑战…………………… 119

　　一　全球可持续发展面临的资金挑战…………………… 120

　　二　全球可持续发展面临的制度挑战…………………… 124

　　三　全球可持续发展面临的市场挑战…………………… 126

　　四　全球可持续发展面临的技术挑战…………………… 128

　　五　全球可持续发展面临的人口挑战…………………… 132

第七章　中国可持续发展的实践……………………………… 135

　　一　中国在千年发展目标框架下的基本成果与重点举措…… 136

　　二　中国在推进可持续发展中的创新理念……………… 151

三 中国在全球可持续发展实践中的广泛参与
——以应对气候变化为例 …………………………… 160

第八章 展望 2030 年 …………………………………… 165
一 可持续发展的导向聚焦 …………………… 165
二 "固化"格局的动态跨越 ………………… 172
三 全球携手合作共赢 ………………………… 176
四 生态文明改造工业文明的价值体系 ………… 180

参考文献 …………………………………………… 183

附 录 ……………………………………………… 185
附录一 《2030 年可持续发展议程》 …………… 185
附录二 中国 2030 年可持续发展议程立场文件 ………… 245

索 引 ……………………………………………… 255

后 记 ……………………………………………… 258

第一章 全球可持续发展进程的历史回顾

工业革命后，工业文明取代农耕文明，由此重塑的世界格局，出现了公正缺失和人权灾难。二战后组建的联合国所主导的全球议程，经历了从人权与发展，到环境与发展，再到可持续发展的转型，以调整工业文明的发展观，其中生态文明的要素体现得越来越明显。

20 世纪 50 年代以来，发达国家工业化进程引致的日益凸显的环境污染，使国际社会认识到人类未来发展受到严峻的挑战，生存危机不断加剧。在发达国家的动议和推动下，20 世纪 70 年代初，环境问题被纳入国际发展议程。此后经过长期的南北发展权益博弈和保护环境的共同的利益诉求，2015 年，全球达成转型发展的议程，明确了可持续发展的 17 个目标领域和 169 个具体目标，寻求一种发展范式的转变和社会文明形态的整体转型，其内容与中国生态文明建设高度契合。人类社会的发展观，已经悄然转向天人合一、人与自然和谐的生态文明观。

一 人权与发展：南北鸿沟扩大的发展议程

工业革命前的人类社会，农耕文明占据主导地位，生产力低下，人们顺应自然，物质生产消费水平处于较低状态。尽管国家内部贫富差距大，但是，国家之间的发展差距较为有限。人口、自然资源和灾害之间存在一个动态平衡关系，难以摆脱"马尔萨斯陷阱"，出现生态退化，但是，自然的修复能力使得人类社会和自然环境处于一个较低水平的平衡状态。

技术创新引领工业革命，之后物质财富快速增长，摆脱了敬畏和依赖自然的农耕文明，发育并形成了工业文明。社会治理的伦理认知和体制机制发生了根本变化："物竞天择，弱肉强食"，强调效率，鼓励竞争，自然只是资源。为了争夺自然资源，冲突不断，社会强势群体藐视人权、戕害生灵。第二次世界大战后，国际社会重构世界秩序，组建联合国，强调人权。工业化国家主导的联合国治理构架，维护发达国家权益，强化发达国家的话语权限。世界银行、国际货币基金组织等发展融资体系，按资金贡献比例分配话语权限，发展中国家几乎没有分配发展资源的话语地位。二战以前的殖民主义时代对自然资源的武装掠夺，演变为制度化的"关税与贸易总协定"，在贸易自由化的旗号下，处于弱势的发展中国家的自然资源、经济资源和智力资源，源源不断地流向发达国家。

应该说，二战后组建的联合国体系启动了发展议程，减少了大规模武力对抗，工业化国家完成了工业化进程从而进入成熟发达阶段。但是，发展中国家整体上仍然处于贫困状态，使得南北鸿沟扩张，国家，尤其是国家集团之间的贫富差距不断加大。

根据世界银行的数据，按汇率折合计算，1960 年，发达国家俱乐部即经济发展与合作组织（OCED）的人均国内生产总值是发展中国家的 9.9 倍，到 1980 年，差距拉大到 14.4 倍，到 2000 年，更是高达 19.8 倍。最不发达国家的人均国内生产总值，1980 年只有 OECD 国家的 1/30，到 2000 年，甚至只有约 1/80。这也就意味着，二战以后的南北差距在不断扩大。经过长达 70 年的联合国发展进程，到 2010 年底，一个发达国家的国民收入水平，相当于 20 个发展中国家、80 个最不发达国家的国民收入。而发展中国家国民的劳动付出和艰辛，并不必然少于发达国家国民的努力。

二　环境与发展在联合国议程中的博弈

工业化进程以化石能源为动力，大量消耗不可再生资源，改变自然生态系统，排放大量污染物。伴随工业化进程的，是资源枯竭、生态退化、环境污染。但同时，"春风不度玉门关"，发展中国家的贫困没有得到根本遏制，在联合国进程中，发展的呼声和欲望十分强劲。

20 世纪 50 年代伦敦的光化学烟雾、20 世纪 60 年代初由大量使用杀虫剂而通过食物链导致鸟类大量死亡形成的《寂静的春天》、20 世纪 70 年代初因不可再生资源快速耗减而引发的石油危机，使得发达国家将环境保护提上国际议事日程，于 1972 年在斯德哥尔摩第一次举办人类环境会议。然而，占世界绝大多数的发展中国家仍然处于贫困阶段，工业化手段治理污染对发展中国家基本不适用，对发达国家的污染控制似乎是"抽刀断水水更流"。污水处理厂要消耗更多的能源，新技术使边际资源得以经济开采利用，如石油的二次、三次开采，使得开采地的石油资源枯竭得更彻底。

正是在这样一种背景下，20 世纪 80 年代中期，国际社会将环境与发展并列，在 1987 年提交的布伦特兰报告《我们共同的未

来》中，明确提出可持续发展，强调代际公平，不能以牺牲子孙
后代未来满足发展的能力，来实现当前的发展。也就是说，我们
需要为我们的未来节约资源、保护环境。因而，社会公平、经济发
展和环境保护作为可持续发展的三大支柱，得到国际社会的广泛
认同。1992 年，在巴西里约热内卢（以下简称里约）召开的联合
国会议上，主题就从发达国家关注的人居环境拓展到环境与发展，
定名为联合国环境与发展大会，会议形成的"21 世纪议程"，将发
达国家关注的环境和发展中国家希望的发展同时纳入，成为联合
国的议程取向。

三 从千年发展目标（MDGs）到可持续发展目标（SDGs）

尽管可持续发展的概念得到认可，但是，可持续发展的行动
和绩效十分有限。南北发展鸿沟没有得到缩减，反而在不断加大，
发展中国家为了生存，利用落后的廉价低效的工业技术，污染环
境，破坏生态。因而，不消除贫困，污染源就得不到根治。在世纪
之交，发展中国家的发展成为联合国议程的主题。

2000 年 9 月，联合国首脑会议发布旨在明确新世纪发展导向
的《千年宣言》，随后进一步明确并细化为 2015 年的"千年发展
目标"，聚焦于发展中国家的脱贫。千年发展目标涵盖 8 大领域，
包括消灭极端贫穷和饥饿、普及小学教育、促进两性平等并赋予
妇女权利、降低儿童死亡率、改善产妇保健、对抗艾滋病病毒、确
保环境的可持续能力、全球合作促进发展等内容。

聚焦于发展中国家的脱贫与发展具有积极效果，全球贫困人
口大幅度减少，南北差距有所缩小。根据《2015 年联合国千年发
展目标报告》的统计，全球依靠每日低于 1.25 美元维持生计的人

口比例从 1990 年的 36% 下降到 2011 年的 15%，发展中地区的贫困率从 1990 年的 47% 下降到 2015 年的 14%；而且，自 1990 年以来，发展中国家营养不足的人口比例减半。根据世界银行的统计，2013 年，按汇率计，OECD 国家人均 GDP 与发展中国家相比，从 2000 年的 19.8 倍下降到 8.9 倍；与最不发达国家相比，从 2000 年的 79.4 倍下降到 43.5 倍。OECD 国家城市人口占全球城市人口的比例，也从 1960 年的 53% 下降到 2013 年的 27%。但是，从另一方面看，全世界人口从 1960 年的 30.3 亿增加到 2013 年的 71.3 亿，近 90% 的新增人口源自发展中国家；同期最不发达国家人口从 1960 年的 2.41 亿增加到 2013 年的 8.98 亿，净增 6.57 亿。同时，发展中国家的资源消耗和污染排放迅速增加，成为全球环境格局的主导力量。OECD 国家一次能源消费占全球的比重，从 1971 年的 61.0% 下降到 2012 年的 39.3%。从化石能源燃烧排放的二氧化碳看，OECD 国家占全球的比重，从 1971 年的 69.0% 下降到 2012 年的 39.6%；其间，OECD 国家排放总量增加 29.6%，发展中国家增长 440.6%。从人均排放水平看，OECD 国家从 1971 年的 10.43 吨下降到 2012 年的 9.68 吨；同期发展中国家则从 1.47 吨增加到 3.20 吨。

显然，千年发展目标的执行，使得发展中国家的经济增长快于发达国家，但发展中国家的资源消耗、环境污染和生态破坏，也同样到了非重视不可的程度。发展中国家按照工业化国家的老路寻求发展，引发和加剧了全球资源枯竭、生态不安全和环境不可持续的矛盾，它在很大程度上已经超越南北矛盾，成为人类共同面临的严峻挑战。正是在这样的背景下，2015 年后的发展目标，显然不能只关注发展，而是要关注可持续发展；不仅发展中国家需要可持续发展，而且发达国家也需要可持续生产与消费，帮助发展中国家实现可持续发展。

四 新千年目标的发展转型

联合国千年目标中的 8 大领域，有 6 大领域为经济和社会发展内容，一个为环境可持续内容，一个为保障性目标内容，针对的几乎都是发展中国家，尤其是不发达国家。经过 21 世纪 10 多年的发展，南北经济、社会和环境格局发生了巨大变化，有些甚至是根本性的变化，新的发展目标不仅要关注贫困，而且发展也必须是环境友善的；发展转型，不仅指发达国家，而且指发展中国家。

2012 年巴西里约峰会并没有就 2015 年后发展目标达成共识，只是形成了一个政治文件《我们憧憬的未来》，组建联合国可持续发展目标开放工作组（以下简称 OWG），构建可持续发展目标体系。经过两年的努力，2014 年 7 月，联合国开放工作组提交可持续发展目标草案，涵盖了可持续发展的各个重要方面和努力方向，大致可分为五大类，简称"5P"理念。"5P"指的是 5 个第一个英文字母为 P 的词，包括 People（人人）、Planet（地球）、Prosperity（繁荣）、Peace（和平）和 Partnership（合作）。此处的 people，并非指单个的、具体的人或族类，也非泛指的民众或人类，而是指人人，每一个人，"一个都不落下"。这是因为，泛指的人类多指生物学属性的人的总称，而忽略了社会学意义上的属性，因而，"人人"的内涵强调的是每一个人的尊严和权益。此处的"地球"，指的是人类发展的物质基础和生存环境，不仅仅涉及局部地区的环境污染、生态退化和资源耗竭，更强调人类共有和未来的生存基础，包括气候变化、海洋环境、生态系统的生物多样性。因而，"地球"的内涵远远超出狭义的环境污染和生态退化，而是广义的人类共享的环境与资源。此处的"繁荣"，不是简单的经济增长和物质资产的富集，而是可持续的、共同富裕的绿色繁荣。此处的"和平"，并非简单的与"战争"相对应的概念，而是社会的包容和和谐。基于不同文化、种族、制度的相互包容，人与人、人与社会的包容而形成的社会和谐，才是真正的"和平"。此处的"合作"，当然指的是伙伴关系，但并非是简单的企业和个人之间的伙伴关系，而更多的强调的是国际治理体系中具有主权地位的国家或国家集团之间的互利共赢的合作安排。因此，"5P"理念所描述的人人、地球、繁荣、和平和合作，可以准确地解读为：以人为中心、全球环境安全、经济持续繁荣、社会公正和谐和提升伙伴关系。这一"5P"理念，显然超越了可持续发展的"经济－社会－环境"三维认知范畴，增加了保障（社会公正和谐）和执行（提升伙伴关系）的实施要素。如果说社会公正和谐更多的是国内层面的治理目标的话，那么，提升伙伴关系所强调的是国际层面的治理架构支撑。针对每个主要类别，提出了总体目标和具体目标。①

表1－1对千年发展目标体系和新千年目标即可持续发展目标体系进行了比较与解读，从中可以明确看出从发展到可持续发展的转型变化。第一，尽管两者均强调消除贫困，但前者多针对发

①　在 OWG 的文件和英文文献中，多使用 goal 和 target 来区分不同层次的目标。尽管中文的简单翻译均为"目标"，但实际上含义有重大不同。Goal 多指总体性的、终极性的目标，而 target 多指具体的、可操作性的目标。因而本文分别用总体目标或目标领域和具体目标对 goal 和 target 加以区分。

展中国家消除贫困，而后者则转向面向所有国家发展权益的保障和发展能力的提升。第二，两者均重视全球环境安全，但前者较为宽泛，后者则较为具体地明确指向长远可持续发展的全球共享资源：大气、海洋和生物多样性。第三，两者均涉及可持续发展的实施手段，但前者注重从发达国家向发展中国家的单向性，后者更注重南北双向公正互动和各方的主观能动性及责任担当。第四，发展权益的提升和维护需要可持续的自然资源保障，尤其是水资源和能源的可持续利用，而这一点，在千年发展目标体系中并没有得到充分的体现。第五，千年发展目标体系中很少涉及发展权益与可持续力保障和提升的驱动力，包括经济增长、就业、工业化、城市化、生产、消费和分配等，而这些在可持续发展目标体系中得到了系统体现。

表 1 - 1 转型发展的目标体系

类　别	千年目标（2001~2015 年）	新千年目标（2016~2030 年）	生态文明要素
以人为中心（People）	①消灭极端贫穷和饥饿；②普及小学教育；③促进两性平等并赋予妇女权利；④降低儿童死亡率；⑤改善产妇保健；⑥对抗艾滋病毒	①在全世界消除一切形式的贫困；②消除饥饿，实现粮食安全，改善营养状况和促进可持续农业；③确保健康的生活方式，促进各年龄段人群的福祉；④确保包容和公平的优质教育，让全民终身享有学习机会；⑤实现性别平等，增强所有妇女和女童的权能；⑥为所有人提供水和环境卫生并对其进行可持续管理；⑦确保人人获得负担得起的、可靠和可持续的现代能源	社会公正：公平的、有尊严的人的发展，人与自然的和谐

续表

类　别	千年目标 （2001~2015年）	新千年目标 （2016~2030年）	生态文明要素
全球环境安全 （Planet）	⑦确保环境的可持续能力	⑬采取紧急行动应对气候变化及其影响；⑭保护和可持续利用海洋和海洋资源以促进可持续发展；⑮保护、恢复和促进可持续利用陆地生态系统，可持续管理森林，防治荒漠化，制止和扭转土地退化，遏制生物多样性的丧失	尊重自然、顺应自然
经济持续繁荣 （Prosperity）		⑧促进持久、包容和可持续的经济增长，促进充分的生产性就业和人人获得体面工作；⑨建造具备抵御灾害能力的基础设施，促进具有包容性的可持续工业化，推动创新；⑩减少国家内部和国家之间的不平等；⑪建设包容、安全、有抵御灾害能力和可持续的城市和人类住区；⑫采用可持续的消费和生产模式	可持续生产、可持续消费、包容、韧性、和谐、公平、共享
社会公正和谐 （Peace）	⑧全球合作促进发展	⑯创建和平、包容的社会以促进可持续发展，让所有人都能诉诸司法，在各级建立有效、负责和包容的机构	社会公正：社会治理体系和能力的生态文明制度保障
提升伙伴关系 （Partnership）		⑰加强执行手段，重振可持续发展全球伙伴关系	

五 "2015 后议程" 中的生态文明导向

2014 年 12 月，联合国秘书长潘基文提交关于"2015 年后发展议程"（以下简称"2015 后议程"）的综合报告，明确提出 2030 年之路，是要终止贫困、生活转型和保护地球，保证人类尊严。这是对人类未来社会发展进程的思考，强调需要一个真正的转型性议程，需要发展的范式转型。

潘基文的"2015 后议程"报告，对联合国 70 年来的发展议程做了回顾和梳理，落脚在可持续发展的三大支柱，从发展的视角，强调经济转型、保护环境、确保和平与实现人权。"2015 后议程"，应该是一项可持续发展的普适性、整体性和基于人权的议程。从这一意义上看，OWG 提交的涵盖 17 个目标领域和 169 个具体目标的可持续发展目标体系，突出行动导向、全球属性和普遍适用性。作为一项转型议程，潘基文提出了全面可持续转型的六个基本要素，包括尊严、人、繁荣、地球、公正、伙伴关系。

这六大要素，不仅是对 OWG 提出的可持续发展目标体系的深度诠释，而且是从根本上对工业文明发展观的否定，体现了生态文明的发展导向。所谓尊严，是要终止贫困和向不公平开战。工业文明理念崇尚竞争，强者占有，忽略社会弱势群体。生态文明强调社会公正，重视公平，寻求人与人、人与社会的和谐。关于人，是要确保健康生活、知识，以及对妇女和儿童的包容。显然，这一要素与尊严密切相关，是对工业文明发展观污染环境、追求物质财富、忽略健康的否定。所谓繁荣，指强劲、包容和转型性的经济增长，并非工业文明的利润最大化，宁要金山银山不要绿水青山的破坏性、掠夺式、不可持续的增长，而是要实现生态文明的可持续生产与消费、绿色增长和社会福祉的改善。关于地球这一要素，是要为全社会和子孙后代保护我们的生态系统。工业文明的发展范式改造自然、破环自然，对自然的修复，也是通过工业化的破环自然的手段来实现。显然，这一要素所表述的，是要尊重自然、顺应自然，认可地球的边界约束，与自然和谐相处。关于公正，是要促进社会的安全与和平，以及建立强有力的制度体系。联合国 70 年来的议程，是在工业文明理念下的发展，南北发展鸿沟加深、贫富差距拉大、环境资源分配和消费存在严重不公平现象，社会公正缺失；"2015 后议程"的转型，就是要转向社会公正和生态公正，形成强有力的生态文明制度体系，促进社会和谐。所谓伙伴关系，是要催生可持续发展的全球协力同心。工业文明是以邻为壑、零和博弈，不可能协力同心，生态文明的和谐、包容、共享、多赢，才可能实现协力互助、可持续发展。

尽管在可持续发展目标体系和"2015 后议程"的讨论中没有使用生态文明转型的表述，但是，各项目标和议程所指向的，不仅仅是对工业文明的反思和批判，而是在寻求一种发展范式的转变和文明的整体转型。中国的生态文明传承和实践，实际上已经对工业文明在中国的实践进行改造和提升，使得中国在工业化城镇化的进程中，弱化工业文明的影响，探寻生态文明的新路。

实际上，联合国"2015 后议程"中的许多关键词，包括和谐、责任、可持续力、福祉、转型、整合、治理、人权、法治、公正、共享、包容等，都是生态文明的基本概念，与中国的生态文明建设高度契合。联合国"2015 后议程"的形成，有中国生态文明转型的积极贡献，使得生态文明的基本要素成为全球发展转型的动力和因素。

六 全球可持续发展的重大阶段

全球可持续发展进程可谓"路漫漫其修远兮"。尽管 20 世纪 50 年代伦敦的光化学烟雾和日本有机汞引致水俣病的大气和水污染有着标志性的全球性警示意义，但引发全球可持续性担忧而催生国际环境保护议程的事件多源自 20 世纪 60 年代初的《寂静的春天》。如果，将 20 世纪 60 年代以来的全球可持续发展进程做一大致梳理的话，我们可划分为四个阶段：人类环境议程阶段、环境与发展议程阶段、可持续发展议程阶段和生态文明转型议程阶段。

1. 人类环境议程阶段

人类环境议程阶段，历经 20 世纪 60~70 年代，以环境觉醒为特点，以 1972 年联合国人类环境会议为标志，将环境保护纳入全球治理的议事日程，并催生各国组建环境保护的专门机构。这一阶段还包括以下主要标志性事件。

1962 年，蕾切尔·卡森著《寂静的春天》一书，集毒理学、生态学和流行病学研究为一体，指出农用杀虫剂的使用已达到灾难性的程度，将对动物物种和人类健康造成损害。该书就我们理解环境、经济与社会福祉之间相辅相成的关系而言，被视为一个转折点。

1967 年，美国非政府组织环境保护协会成立，旨在寻求解决环境破坏问题的法律途径。它曾通过提起法律诉讼，阻止了萨福克县防蚊患委员会向长岛沼泽地喷洒 DDT。

1968 年，联合国教科文组织举办"合理利用和保护生物圈资源政府间会议"，对生态可持续发展的概念进行了早期讨论。同年，保罗·艾里奇（Paul Ehrlich）出版《人口爆炸》一书，揭示了人口、资源消耗与环境之间的联系。

1969 年，地球之友（Friends of the Earth）组织成立，致力于提倡防止环境恶化、保护生物多样性和鼓励公民参与决策。同年，美国通过《国家环境政策法》，是最早建立全国性环境保护法律框架的国家之一，为全世界的环境影响评估奠定了基础。加拿大国际发展委员会发表《发展中的合作伙伴/1970—IDRC》报告。加拿大国际发展委员会关注南方国家的研究和知识，是最早思考新型发展道路的国际委员会，促成了国际发展研究中心的成立。

1970 年，"地球日"诞生，是一次关于环境问题的全国性宣传活动。据估计，全美有 2000 万人参加了和平示威活动。同年，自然资源保护理事会成立，由律师和科学家组成，并在美国推行综合环境保护政策。

1971 年，绿色和平（Greenpeace）组织在加拿大诞生，并积极启动了一项议程，通过民众抗议和非暴力干涉来制止环境破坏。同年，专家通过《福尼科斯报告》（*Founex Report*）呼吁整合环境与发展战略，污染者付费原则也得到了经济合作组织理事会的声明，强调制造污染的责任人应该负担污染成本。同时，国际环境与发展学会在英国成立，为各国寻求"既能带来经济进步又不破坏环境资源"的发展道路。

1972 年，第三世界环境发展行动组织在塞内加尔成立，其于 1978 年成为一个国际性的非政府组织，致力于当地人民的能力建设、根除贫困，对南方国家进行可持续发展方面的研究和培训。在这一年，罗马俱乐部发表了具有争议的《增长的极限》，该文预言，增长不放缓将带来可怕的后果，北方国家则批评该报告忽略了技术进步，南方国家也因其主张放弃经济发展而被激怒。

1973 年，美国颁布《濒危物种保护法》，是最早对其鱼类、野生动物遗产进行法律保护的国家之一。同年，契普克运动（Chipko Movement，指妇女们环抱大树使之免遭砍伐）在印度诞生，该运动是对砍伐森林和环境恶化现象的反映，既保护了森林，也影响了女性对环境问题的参与。1973 年 10 月爆发了石油危机，这也激起了关于增长极限问题的争论。

1974 年，罗兰（Rowland）和莫利纳（Molina）在科学杂志《自然》上发表了有关氯氟烃释放的研究文章。他们预计，如果按照人类目前使用含氯氟烃气体的速度任其继续发展下去，臭氧层将会被减少到危险的水平。同年，巴里洛切基金（Fundaci óBariloche）提出拉美世界模型，这是南方国家对增长极限的回应，旨在为第三世界争取增长及公正待遇。

1975 年，《濒危野生动植物物种国际贸易公约》生效。同时，世界观察研究所在美国成立，致力于提高关于全球环境威胁的公众意识，并力促行之有效的政策回应。该所自 1984 年开始发表《世界状况》年度报告。

1976 年，首届全球人居环境会议召开，是将环境与人居问题联系起来的全球性会议。

1977 年，绿化带运动肇始于肯尼亚，基于社区的植树造林以防治沙漠化。同年，联合国也在肯尼亚召开了防治沙漠化问题会议。

1978 年，阿摩科·卡迪兹号邮轮在布列塔尼海岸发生漏油事件。同年，经合组织环境理事会重启关于环境与经济之间的研究。

1979 年，《长程越界空气污染公约》通过。国际环境和发展学会在《保护生物圈》中报告了包括世界银行在内的 9 个发展署的实践工作，为正在进行的改革铺平了道路。

2. 环境与发展议程阶段

环境与发展议程阶段，大致为 20 世纪 80 年代初至 20 世纪末的 20 年间。此阶段的焦点是环境与发展的冲突和协调，标志是 1992 年的联合国环境与发展峰会，达成了"21 世纪议程"行动计划及生物多样性公约、气候变化框架公约和不具强制约束力的森林保护原则，使得可持续发展成为全球共识。这一阶段其他的标志性的事件如下。

1980 年，国际自然与自然资源保护联盟发表"世界保护战略公报"，其中"通向可持续发展"一章，把贫困、人口压力、社会不公和贸易体系认定为破坏人居环境的主要动因，呼吁制定新的国际发展战略来纠正这些不公正现象。国际发展问题独立委员会也发表《北方和南方：争取世界的生存》（*North - South，A Programme for Survival*，简称布兰迪报告），呼吁在南北之间建立一种新型经济关系。同时，报告《地球的 2000 年》（*Global 2000 Report*）发表，首次承认生物多样性对地球生态系统的正常运转至关重要，并断言生态系统的强健性将因物种灭绝而被削弱。

1981 年，世界卫生组织大会一致通过"2000 年人人享有健康全球战略"，主张政府的主要目标应该让所有人都享有一定的健康水平，使他们能够在社会和经济意义上都过上富足的生活。

1982 年，美国世界资源研究所成立，该机构自 1986 年开始每两年发布一份世界资源评估报告。同年，《联合国海洋法公约》通过，在处理海洋环境污染问题的环境标准及实施条款方面，制定了实质性规则。1982 年爆发的国际债务危机也威胁到世界的金融体系，使 20 世纪 80 年代成为拉美和其他发展中地区损失惨重的十年。《联合国世界大自然宪章》采纳了如下原则：每个生命形式都是独一无二的，无论它对人类的价值如何，都应受到尊重，它呼吁人们理解：我们依赖自然资源，需要控制其消耗。

1983 年，发展选择组织（Development Alternatives）在印度成立，提倡在南方国家中培育人、技术和环境之间的新型关系。

1984 年，印度博帕尔市有毒化学品泄露，造成 1 万人死亡，3 万人受伤。埃塞俄比亚发生旱灾，25 万～100 万人饿死。这一年，第三世界网络建立，成为南方国家活动分子在经济、发展和环境问题上的喉舌。国际环境与经济大会（由经合组织主导）召开，会议认为，环境与经济应该相互促进。这些事件对形成《我们共同的未来》报告提供了大量有价值的素材。

1985 年，加拿大化学品生产商提出了一项名为"责任关怀"的提案，为化学品生产商提供了一套行为规范，目前已被许多国家采用。同年，世界气象协会、联合国环境规划署和国际科学联盟理事会在奥地利召开了会议，报告了大气中二氧化碳和其他温室气体含量逐渐增多的情况，他们预言全球将会变暖。

1986 年，切尔诺贝利核电站发生事故，导致大规模有毒辐射物质扩散。

1987 年，《我们共同的未来》报告（布伦特兰）发表，世界环境与发展委员会在报告中把社会问题、经济问题、文化问题和环境问题交织在一起，并主张寻求全球性的解决方案。"可持续发展"一词自此广泛流传。发展咨询委员会成立，经合组织中的发展咨询委员会成员为双边援助政策中的环境和发展问题制定了指导原则。同年，通过《蒙特利尔破坏臭氧层物质管制议定书》。

1988 年，奇科·蒙德斯（Chico Mendes）被暗杀，他是一名与破坏亚马孙热带雨林行为做斗争的橡胶工人，科学家使用卫星照片记录了亚马孙大火对雨林的毁坏情况。同年，政府间气候变化专门委员会成立，就气候变化相关研究进展进行科学、影响与适应及减缓的技术、社会经济方面的综合评估。

1989，埃克森－瓦尔迪兹号邮轮（Exxon Valdez）搁浅，在阿拉斯加威廉王子海峡泄漏了 1100 万加仑石油。同年，斯德哥尔摩环境研究所成立，开展全球及地区环境问题的独立研究。

1990 年，国际可持续发展研究所在加拿大成立，作为非官方机构汇集发布《地球谈判公报》。由于内容源自会场实录，因而这一公报被认为是关于环境和发展问题的国际谈判的权威记录。联合国儿童问题峰会在同年召开，其重要成果是承认环境对人类后代的影响。中欧和东欧地区环境中心也在这一年成立，旨在处理该地区的环境挑战，强调商界、政府和市民社会共同参与。

1991 年，海湾战争后科威特数百口油井大火失控，持续数月。

1992 年，可持续发展工商理事会发表《改变道路》报告，推动商界可持续发展实践。同年，联合国环境与发展大会（地球峰会）在里约热内卢召开。

1993 年，联合国可持续发展委员会第一次会议召开，旨在保障联合国环境与发展大会的后续活动，促进国际合作并使政府间决策能力合理化。同年，世界人权大会召开，各国政府重申对全面人权所负担的国际责任，会议任命了第一位联合国人权事务高级专员。

1994 年，全球环境基金成立，重组了数十亿美元的援助资金，赋予发展中国家更多的决策权力。

1995 年，尼日利亚环保和土著人权益保护志士肯·萨罗·维瓦（Ken Saro－Wiwa）在尼日利亚被处决，使国际社会开始关注人权与环境正义、安全与经济增长之间的关系。同年，世界贸易组织成立，正式承认贸易、环境与发展之间的联系。社会发展峰会在哥本哈根召开，国际社会第一次明确了根除绝对贫困的责任。第四次世界妇女大会在北京召开，大会经过协商，承认了妇女地位已经得到提高，但要实现作为人权的女权依然存在许多障碍。

1996 年，ISO 14001 标准被正式采纳为企业环境管理体制的自愿性国际标准。

1997 年，亚洲生态和金融危机爆发，厄尔尼诺现象导致的干旱使得山火蔓延，烟雾笼罩着整个地区，造成卫生方面及其他与火灾有关的损失达到 30 亿美元。同时，亚洲金融市场崩溃，引发了关于货币投机及政府经济改革需要等方面的问题。

同年，联合国大会审议地球峰会决议，联合国举行的特别会议使人们清醒地认识到，在实施 21 世纪议程方面进展甚微，会议最后无果而终。

1998 年，爆发了关于转基因生物的争议，全球对转基因食品产生了环境安全和食品安全方面的担忧。欧盟禁止从北美进口转基因农作物。发展中国家的农民强烈抵制"无籽技术"。在中国，发生了几十年一遇的特大洪水，孟加拉国 2/3 的地区受到季风影响并成为一片汪洋达数月，中美洲的部分地区被飓风米奇（Mitch）摧毁。这一年，54 个国家遭受洪水袭击，45 个国家发生旱灾，地球遭遇破纪录的全球平均最高温度。同时，环保团体和社会活动分子也有效进行了反多边投资协议的游说，加上各国政府在所追求的例外情况的范围上无法达成一致，导致谈判破裂。

1999 年，全球可持续性指数启动，跟踪世界大企业在可持续性方面的行为实践。这一工具被称为道·琼斯可持续性总指数，为投资者寻找既遵循可持续发展原则又赢利的公司提供指导原则。

同年，世界贸易组织第三次部长级会议在美国西雅图召开。数千名示威者上街抗议全球化和全球公司增长所造成的负面影响。同时世界贸易组织代表之间也发生了深层次冲突，谈判失败。此次开了反全球化抗议之先河，标志着对全球化心怀不满的利益相关者与权力执掌者之间对抗的新时代已到来。

3. 可持续发展议程阶段

可持续发展议程阶段始于千年交替之际，至千年目标的终止年 2015 年。此阶段聚焦于发展中国家的可持续发展，尤其是欠发达引致的发展困境和环境挑战，标志是千年目标的制定与实施。此间"文明的冲突"引起国际社会的警觉，全球公共资源保护的博弈催生发展范式的转型，标志性的重大事情如下。

2000 年，第二届世界水资源论坛暨部长级会议明确了水资源安全是 21 世纪的关键问题。同年，联合国千年峰会召开，这是有史以来人数最多的世界领导人聚会，会议同意在贫困、饥饿、疾病、文盲、环境恶化和歧视妇女等问题上制定一套有时限、可监测的目标，即"千年发展目标"，并计划于 2015 年前实现。同年，瓦德容红疣猴宣告灭绝，人类所属的灵长目家族的一员灭绝，这是几个世纪以来的第一次，而根据国际自然保护联盟红皮书，11046 个物种正在濒临灭绝。

2001 年，恐怖分子攻击了位于纽约的世界贸易中心和美国五角大楼，标志着一个不受限制的经济扩张时代的终结。各大股市和各国经济崩溃，美国开始为反恐战争做准备。同年，世界贸易组织第四次部长级会议在卡塔尔多哈召开，在最后宣言中承诺对环境和发展问题的关注。非政府组织与世界贸易组织同意重新解释保护知识产权协议中有关药品获得和公共卫生方面的内容。2001年中国加入世界贸易组织，进一步加快了经济结构的变革，加入世界贸易组织标志着中国同印度和巴西一起成为全球经济中崛起的主要新生力量。

2002 年，联合国环境与发展大会召开 10 周年之际，可持续发展世界峰会在南非约翰内斯堡举办。由于缺乏进展，峰会气氛沉闷，把只能强调"伙伴关系"作为实现可持续性的手段。同时，全球报告倡议组织在经历了长达 5 年的由多个利益相关者参与的共识达成后，发布了各组织应该如何从经济、环境及社会角度报告其业务活动的指导原则。

2004 年，旺加里·马塔伊荣获诺贝尔和平奖，她身为肯尼亚绿化带运动的创始人，是首位获得诺贝尔和平奖的环保主义者。同年，艾滋病在撒哈拉以南大规模流行，仅 2004 年该地区就有 250 万人死于艾滋病，有 300 多万新增病例。该地区人口只占世界的 10%，但全世界 60% 多的艾滋病患者居住在这里。

2005 年，《京都议定书》生效，从法律上约束发达国家缔约方，实现减少温室气体排放的目标，并为发展中国家建立了清洁发展机制，欧盟的碳排放交易体系也于 2005 年启动。同年，《千年生态系统评估报告》发布，来自 95 个国家的 1300 名专家提供了关于生态系统变化对人类福祉的影响方面的科学信息。

2009 年，《联合国气候变化框架公约》缔约方会议在哥本哈根召开，来自 192 个国家的国家元首、政府首脑、高官和谈判代表聚集在一起，商讨 2012 年《京都议定书》第一阶段结束后全球温室气体减排的后续方案，会议认为发达国家对应对气候变化的资金和技术支持，在减缓行动的监测、报告、核实等方面取得了一定的积极成果，维护了发展中国家的利益，会议最终达成了不具有法律约束力的《哥本哈根协议》。

2012 年，联合国可持续发展峰会在巴西的里约热内卢举行，也被称为"Rio+20 会议"，120 个国家的元首和政府首脑出席了这次会议。会议的讨论集中在两个主要的问题上：一是在可持续发展的框架内发展"绿色的经济"和消除贫困；二是可持续发展的制度构建。

2013 年，联合国在报告《百万种声音：我们想要的世界》中总结了来自 193 个联合国成员方共 130 万人次的调查结果，结果显示，在"2015 后议程"中，教育、医疗、就业、良治、水与卫生、食物安全是全球公众最关心的六大领域。

2015 年 7 月，联合国第三次发展筹资会议达成《亚的斯亚贝巴行动议程》，议程包括一系列旨在彻底改革全球金融实践并为应对经济、社会和环境挑战吸引投资的大胆措施，是各国在促进普遍和包容性的经济繁荣、提高人民福祉及保护环境方面加强全球合作伙伴关系的新里程碑。

2015 年 9 月，联合国可持续发展峰会在纽约总部召开，193 个成员方在峰会上正式通过 17 项可持续发展总体目标和 169 项具体目标。2015 年 12 月，《联合国气候变化框架公约》缔约方会议在巴黎召开，通过了具有里程碑意义的《巴黎协定》，会议明确了中长期的升温控制目标，在资金、技术、能力建设方面都取得了广泛的重要共识。中国作为碳排放第一大国做出了"于 2030 年左右使二氧化碳排放达到峰值并争取尽早实现"的承诺。

4. 生态文明转型议程阶段

生态文明转型议程阶段，为联合国《2030 年可持续发展议程》和《巴黎协定》实施的 2016～2030 年。2016 年，2030 年可持续发展议程已在全球启动，《巴黎协定》也在 2016 年的世界地球日得到主要缔约方的签署，满足了其生效的基本条件，进入实施期。

第二章　可持续发展的目标构建

一　可持续发展目标的提出

根据 2012 年 6 月巴西里约联合国可持续发展峰会的决定而成立的专门就可持续发展目标开展系统工作的联合国"可持续发展目标开放工作组",在 2013 年 7 月至 2015 年 8 月召集了一系列会议,形成并完善了可持续发展目标方案。在国际可持续发展目标构建进程中,学术团体、非政府机构和私营部门通过各种渠道向各国政府或联合国机构提供建议或背景报告或参加讨论。2014 年 9 月,开放工作组提出了需要在 2030 年之前实现的 17 项可持续发展总体目标和 169 项具体目标,[①] 这些目标在 2015 年 9 月于纽约举行的联合国发展峰会上正式通过,接力 2015 年截止的千年发展目标,在 2015 年至 2030 年间指导和引领全球的可持续发展,并将以更加综合的方式彻底解决社会、经济和环境三个维度的发展问题。

开放工作组在可持续发展目标推进中将可持续发展目标又归

[①]　17 项可持续发展目标与 169 项具体目标详见本书的附录一《2030 年可持续发展议程》第 59 项。

纳为六类：即以发展为目标的人、经济与社会和以可持续为目标的自然、生命维持与社区（见表 2-1）。显然这一分类有助于认识可持续发展目标的属性特点和着力点；但从另一方面看，这些属性关系的关联和主次关系并没有得到清晰体现。转型发展的内涵显得有些模糊，在认知上与千年发展目标的思路体系较为接近。如果说《2030 年可持续发展议程》有所创新的话，那就是以人为中心、全球环境安全、经济持续繁荣、社会公正和谐和提升伙伴关系 5P 理论的形成与引领。

表 2-1　开放工作组对 17 项可持续发展目标的分类

可持续		发展	
自然	目标 13. 采取紧急行动应对气候变化及其影响 目标 14a. 保护和可持续利用海洋和海洋资源以促进可持续发展。 目标 15a. 保护和恢复陆地生态系统 目标 15d. 防治沙漠化 目标 15e. 制止和扭转土地退化，以及阻止生物多样性损失	人	目标 1. 在全世界消除一切形式的贫困 目标 2. 消除饥饿，实现粮食安全，改善营养状况和促进可持续农业 目标 3. 确保健康的生活方式，促进各年龄段人群的福祉 目标 4. 确保包容和公平的优质教育，让全民终身享有学习机会 目标 6. 为所有人提供水和环境卫生并对其进行可持续管理 目标 7. 确保人人获得负担得起的、可靠和可持续的现代能源 16. b 推动和实施非歧视性法律和政策以促进可持续发展 8. b 到 2020 年，拟定和实施青年就业全球战略，并执行国际劳工组织的《全球就业契约》

续表

	可持续		发展
生命维持	目标 12. 采用可持续的消费和生产模式 目标 14b. 可持续地使用海洋和海洋资源以促进可持续发展 目标 15b. 促进可持续使用陆地生态系统 目标 15c. 可持续森林管理	经济	目标 8. 促进持久、包容和可持续的经济增长，促进充分的生产性就业和人人获得体面工作 目标 9. 建造具备抵御灾害能力的基础设施，促进具有包容性的可持续工业化，推动创新 目标 10. 减少国家内部和国家之间的不平等 目标 11. 建设包容、安全、有抵御灾害能力和可持续的城市和人类住区 目标 17. 加强执行手段，重振可持续发展全球伙伴关系（金融，技术，能力建设，系统性问题政策和制度一致性，数据、监测和问责）
社区	目标 16. 创建和平、包容的社会以促进可持续发展，让所有人都能诉诸司法，在各级建立有效、负责和包容的机构	社会	目标 5. 实现性别平等，增强所有妇女和女童的权能 目标 16a. 促进有利于可持续发展的和平与包容社会 目标 16c. 在各级建立有效、负责和包容性机构 目标 17b. 重振可持续发展全球伙伴关系

资料来源：*Global Sustainable Development Report* 2015。

二　对于可持续发展目标的评估①

OWG 由各国官方代表构成，具有政治属性，但在可持续发展目标制定的进程中，学界、企业界和其他非政府组织也参与其中，贡献这一进程。例如，"独立研究论坛 2015"② 通过交流、研究、分析、咨询等方式，跟踪、参与并贡献"2015 后议程"以及制定可持续发展目标的政府间进程。"2015 后议程"的内容及其所包括的可持续发展目标体系，需要在全球具有普遍适用性，能够以综合方法应对经济、社会和环境等不同维度的全球发展挑战，并且能够带来更加公平、更加可持续的发展成果。因而，需要有一套评估方法，帮助各政府和其他利益相关者规划并执行可持续发展目标。在对 OWG 提交的可持续发展目标进行总体评述的基础上，就评估的指标和方法问题展开了一些讨论，并选取部分重点领域

①　本节基于由 Jonathan Reeves、Tighe Geoghegan and Nicole Leotaud，ZeenatNiazi，Lewis Akenji and Simon Hoiberg Olsen，Tom Bigg，Andrew Scott，Julio Berdegué，Måns Nilsson，Peter Hazlewood 和潘家华、陈迎等人参与讨论并贡献准备的英文大纲初稿完成。英文初稿由潘森和刘杰翻译为中文。潘家华作为发起和参与"独立研究论坛 2015"的中国智库"中国社会科学院可持续发展研究中心"的代表，对原文的结构、内容和表述方式进行了较大幅度的调整，并增加了部分内容。有关调整已经通报 IRF2015 各方，但潘家华对文章的调整和中文表述负责。

②　"独立研究论坛 2015"（Independent Research Forum 2015），包括覆盖世界主要国家和地区的 11 家智库，它们是：中国社会科学院可持续发展研究中心，中国；加勒比自然资源研究所（CANARI），尼达拉岛，西印度群岛；拉丁美洲农村发展中心（RIMSP），智利；非洲社会科学研究发展委员会（CODESRIA），达喀尔，塞内加尔；发展替代选择（DA），印度；全球环境战略研究所（IGES），日本；国际环境与发展研究所（IIED），英国；南部非洲开放社会倡议（OSISA），南非；海外发展研究所（ODI），英国；斯德哥尔摩环境研究所（SEI），瑞典；世界资源研究所（WRI），美国。

做进一步的系统评估。

OWG 提交的可持续发展目标体系，涵盖了可持续发展的各个重要方面和努力方向，针对每个领域，OWG 提出了总体目标和具体目标。本节将 17 个总体目标分为五大类：以人为中心、全球环境安全、经济持续繁荣、社会公正和谐和提升伙伴关系。

以人为中心

人的自身发展主要涵盖了保障基本需求和赋权弱势群体，主要体现在第 1 ~ 第 5 五大目标领域：消除贫困，建立共享的繁荣，促进公平，总体目标在于终止一切地方一切形式的贫困，包括到 2030 年消除极端贫困（目前的衡量标准是每人每日生活费不足 1.25 美元）等具体目标。可持续农业，实现粮食安全和改善营养，总体目标在于通过可持续农业和改进粮食体系终止饥荒并保证所有人的营养，包括所有人全年均可获取足够（安全、买得起、多样化和有营养的）粮食等具体目标。健康和人口，总体目标是所有的各个年龄段的人均享有健康生活，包括到 2030 年将产妇死亡率减少到低于 70 人/10 万例、消除可预防的新生儿和儿童死亡、减少儿童和产妇发病率等具体目标。教育和终身学习，总体目标是为所有人提供品质教育和终身学习机会，包括到 2030 年确保所有男孩女孩享有普及、免费、均等获取和完成品质小学和中学教育，产生有效学习成效等具体目标。性别平等和女性赋权，总体目标是各地均实现性别平等和女性赋权，包括到 2030 年终止一切形式的对所有年龄女性的歧视等具体目标。

这一部分的目标领域大多数承接了千年发展目标中的相对应的目标，并在其基础上提出了进一步明确的要求（如消除极端贫穷、消除一切形式的营养不良等），也对多个总体目标的内涵进行了进一步的延伸（如在教育领域，将千年发展目标中的"初等教育"相关目标延伸到"幼儿发展、学前教育、初级教育、职业和高等教育、大学教育"），对部分目标则进行了更细致的描述（如对防治和消灭的疾病进行了具体描述，对增强所有妇女和女童的权能在"消除歧视、暴力行为"、"有效参与政治、经济和公共生活的决策"、"法律改革保障经济资源的平等权"等多方面进行了具体目标要求），同时，更是明确将部分国家的情况改善明确写入了具体目标的实现中（如最不发达国家和小岛屿国家）。

从这一部分目标在千年目标框架下的实现情况看：减贫目标得到了提前实现，全球极端贫困水平下降至 2015 年的 14%，成果最为显著；营养不足的人口比例减少尽管在过去十年进展相对缓慢，但也基本完成了减半的既定目标；在减少孕产妇死亡率和减少儿童死亡率方面，则距离 3/4 和 2/3 的既定目标存在一定的距离，① 而死亡率是可以通过预防和护理得以解决和避免的，因此在该领域有待进行更多的努力；在控制和消灭疟疾、肺结核方面，全球尤其是撒哈拉沙漠以南非洲取得了显著的成果，2000～2012 年，疟疾干预措施的实质性扩展挽救了约 330 万疟疾患者的生命，抗击肺结核的集中努力挽救了全球约 2200 万人的生命，同时，自 1995 年以来，抗逆转录病毒疗法已挽救 660 万人的生命；在普及小学教育和小学教育的男女平等方面，相比 2000 年进展均较为显著，发展中地区的小学净入学率在 2015 年由 83% 提高至 91%，撒

---

① 尽管如此，撒哈拉以南非洲在使儿童死亡率下降方面进展明显。2005～2013 年，5 岁以下儿童死亡率的年下降速度比 1990～1995 年快了 4 倍还多，高于全球两倍的水平。

哈拉以南非洲地区小学净入学率增长了 20 个百分点，但在 2007 年之后，相关进展显得相对缓慢，2012 年仍然有 5800 万儿童失学，约 50% 的小学失学适龄儿童居住在受冲突影响地区；在促进两性平等方面，发展中地区进展明显，已经整体实现了消除初等、中等和高等教育中的性别差异的目标，不过从全球范围的劳动力市场来看，参与劳动力市场的适龄工作男性比例为 3/4，仍然显著大于适龄女性 1/2 的比例。SDG1~5 的具体指标设置及其相关内容在千年发展目标中的完成状况，见表 2-2。

表 2-2　SDG1~5 的具体指标设置及其相关内容
在千年发展目标中的完成状况

目标内容	千年发展目标的具体目标设置（2000~2015 年）	千年发展目标框架下的成果（截至 2015 年）	可持续发展目标的具体目标设置（2015~2030 年）
目标 1. 在全世界消除一切形式的贫困	1. A 在 2015 年底之前，世界上每日收入低于一美元的人口比例 7. D 到 2020 年底前，根据"无贫民窟城市"倡议，使至少一亿贫民窟居民的生活得到重大改善	发展中国家的极端贫困人口比例由 1990 年的接近 50% 下降至 2015 年的 14%；全球极端贫困人口绝对数量从 1990 年的 19 亿下降至 2015 年的 8.36 亿	1.1　到 2030 年，在全球所有人口中消除极端贫困。极端贫困目前的衡量标准是每人每日生活费不足 1.25 美元 1.2　到 2030 年，按各国标准界定的陷入各种形式贫困的各年龄段男女和儿童至少减半
目标 2. 消除饥饿，实现粮食安全，改善营养状况和促进可持续农业	1. C 在 2015 年底前挨饿的人口比例减半	发展中地区营养不足的人口比例从 1990~1992 年的 23.3% 下降至 2014~2016 年的 12.9%，接近减半	2.2　到 2030 年，消除一切形式的营养不良，包括到 2025 年实现 5 岁以下儿童发育迟缓和体重不足问题相关国际目标，解决青春期少女、孕妇、哺乳期妇女和老年人的营养需求

续表

目标内容	千年发展目标的具体目标设置（2000～2015 年）	千年发展目标框架下的成果（截至 2015 年）	可持续发展目标的具体目标设置（2015～2030 年）
目标 2. 消除饥饿，实现粮食安全，改善营养状况和促进可持续农业	1. C 在 2015 年底前挨饿的人口比例减半	发展中地区营养不足的人口比例从 1990～1992 年的 23.3% 下降至 2014～2016 年的 12.9%，接近减半	2.3 到 2030 年，实现农业生产力翻倍和小规模粮食生产者，特别是妇女、土著居民、农户、牧民和渔民的收入翻番，具体做法包括确保平等获得土地、其他生产资源和要素、知识、金融服务、市场以及增值和非农就业机会
目标 3. 确保健康的生活方式，促进各年龄段人群的福祉	5. A 在 2015 年底之前将产妇死亡率降低 3/4，并实现普遍享有生殖保健，将 5 岁以下儿童死亡率减少 2/3 6. A 在 2015 年底之前制止并开始扭转艾滋病毒/艾滋病的蔓延、消灭疟疾及其他折磨人类的主要疾病的祸害 6. B 到 2010 年向所有需要者普遍提供艾滋病毒/艾滋病治疗 6. C 到 2015 年遏制并开始扭转疟疾和其他主要疾病的发病率	全球 2013 年的孕产妇死亡率为每 10 万活产婴儿死亡 210 人，较 1990 年下降了 45%，南亚地区下降了 64%，撒哈拉以南的非洲地区下降了 49%。全球由熟练医护人员接生的比例由 1990 年的 59% 上升至 71% 1990 年至 2015 年，全球 5 岁以下儿童死亡率下降超过一半，从每 1000 名活产婴儿中 90 人死亡降至 43 人死亡。全球 5 岁以下儿童死亡人数从 1990 年的 1270 万下降到了 2015 年的将近 600 万。全球 5 岁以下儿童死亡率的下降速度自 20 世纪 90 年代初以来提高了两倍多	3.1 到 2030 年，全球孕产妇每 10 万例活产的死亡率降至 70 人以下 3.2 到 2030 年，消除新生儿和 5 岁以下儿童可预防的死亡，各国争取将新生儿每 1000 例活产的死亡率至少降至 12 例，5 岁以下儿童每 1000 例活产的死亡率至少降至 25 例 3.3 到 2030 年，消除艾滋病、结核病、疟疾和被忽视的热带疾病等流行病，防治肝炎、水传播疾病和其他传染病 3.4 到 2030 年，通过预防、治疗及促进身心健康和精神福祉，将非传染性疾病导致的过早死亡减少 1/3 3.6 到 2020 年，全球公路交通事故造成的死伤人数减半

续表

目标内容	千年发展目标的具体目标设置 (2000 ~ 2015 年)	千年发展目标框架下的成果（截至 2015 年）	可持续发展目标的具体目标设置 (2015 ~ 2030 年)
目标 4. 确保包容和公平的优质教育，让全民终身享有学习机会	2.A 确保到 2015 年，世界各地的儿童，不论男女，都能上完小学全部课程，男女儿童都享有平等的机会，接受所有各级教育	全世界小学教育适龄儿童失学人数接近减半，2000 年达到 1 亿，而 2015 年大约为 5700 万 1990 年至 2015 年，全球 15 ~ 24 岁的青年识字率从 83% 上升至 91%。女性与男性的差距减小	4.1 到 2030 年，确保所有男女童完成免费、公平和优质的中小学教育，并取得相关和有效的学习成果 4.2 到 2030 年，确保所有男女童获得优质幼儿发展、看护和学前教育，为他们接受初级教育做好准备 4.3 到 2030 年，确保所有男女平等获得负担得起的优质技术、职业和高等教育，包括大学教育 此外，对于掌握就业、体面工作和创业所需相关技能的青年和成年人人数的增加率（目标 4.4）、成人男女具有识字和计算能力的比例（目标 4.6）、最不发达国家和小岛屿发展中国家开展师资培训等方式提供的合格教师人数增加率（目标 4.c），在具体目标中都将进一步被赋予明确的目标值
目标 5. 实现性别平等，增强所有妇女和女童的权能	3.A 争取到 2005 年消除小学教育和中学教育中的两性差距，最迟于 2015 年在各级教育中消除此种差距	发展中地区整体已经实现消除小学、中学和高等教育中两性差距的具体目标	5.2 消除公共和私营部门针对妇女和女童一切形式的暴力行为，包括贩卖、性剥削及其他形式的剥削

目标内容	千年发展目标的具体目标设置（2000～2015年）	千年发展目标框架下的成果（截至2015年）	可持续发展目标的具体目标设置（2015～2030年）
目标5. 实现性别平等，增强所有妇女和女童的权能	3. A 争取到2005年消除小学教育和中学教育中的两性差距，最迟于2015年在各级教育中消除此种差距	非农业部门有偿工作者中女性的比例从1990年的35%增加到2015年的41% 1991～2015年，就业弱势的女性占整个女性就业的比例下降了13个百分点。与之相比，弱势就业的男性比例下降了9个百分点 在具有过去20年数据的174个国家中，近90%国家的女性在议会的代表增加，女性在议会中的平均比例增长了近一倍，但每5位议员中仍然只有1名为女性	5.3　消除童婚、早婚、逼婚及割礼等一切伤害行为 5.a　根据各国法律进行改革，给予妇女平等获取经济资源的权利，以及享有对土地和其他形式财产的所有权和控制权，获取金融服务、遗产和自然资源

　　注：①为便于直观分析，此处仅列举具有代表性的具体目标，尤其是对于改善和提升程度具有明确表述的可持续发展目标，表格内容对部分表述进行了简化，表2-3至表2-6亦同。②因表格限制，部分内容略有缩减。

经济持续繁荣

　　在可持续发展目标体系中，关于资源的利用与发展的目标主要分布在第6至第12大目标领域（见表2-3、表2-4）。

　　与千年发展目标体系一样，可持续发展目标体系中包含了与水资源、环境卫生、充分就业、体面工作相关的目标。在提供安全饮用水源方面，基本完成了既定目标，而卫生设施则仍然存在较大缺口，2012 年仍有 25 亿人没有使用改善的卫生设施，其中 10 亿人仍露天便溺，为贫困和弱势的社区带来了巨大的风险。在就业方面，2013 年发展中地区不稳定就业率占总就业的比例约为 56%，远高于发达地区 10% 的比例，且在近十年来不稳定就业比例仅仅是轻微的降低，反映了发展中地区非正式劳动安排的普遍性。

除上述目标外，可持续发展目标体系对于经济增长、繁荣与发展在千年发展目标的内容基础上有了大幅度扩充，涉及资源与能源、包容性和可持续的经济增长、可持续工业化、基础设施、可持续城市化、可持续生产与消费等内容，其中关于可持续现代能源、基础设施、可持续的生产与消费和可持续的城市与人类住区的目标均未被千年发展目标纳入。

关于可持续现代能源的议题在新千年尤其是在应对全球气候变化形势越来越迫切的背景下，被新兴经济体和发展中国家所重视，在可持续发展的具体目标中，可靠和可持续的现代能源不仅被单独作为一个总体目标（SDG7）对 2030 年前可再生能源的使用比例以及能效改善程度进行了要求，而且在总体目标 8[①] 以及总体目标 12[②] 中也均被提及。此外，新目标和新议程的一个重要特征是认识到保障各国共同和可持续繁荣的强大的经济基础的必要性。

---

① 8.4 到 2030 年，逐步改善全球消费和生产的资源使用效率，按照《可持续消费和生产模式方案十年框架》，努力使经济增长和环境退化脱钩，发达国家应在上述工作中做出表率。

② 12.c 对鼓励浪费性消费的低效化石燃料补贴进行合理化调整，为此，应根据各国国情消除市场扭曲，包括调整税收结构，逐步取消有害补贴以反映其环境影响，同时充分考虑发展中国家的特殊需求和情况，尽可能减少对其发展可能产生的不利影响并注意保护穷人和受影响社区。

可以看到，新千年以来，随着经济全球化的加速，各国经济之间的贸易、科学技术、投资和全球性的供应链的相互依赖程度前所未有，而人类的消费方式与全球的生产方式紧密相连，因此，为使经济增长与环境退化脱钩，向可持续消费与生产以及可持续的工业化的转变需要同步进行，这在目标9与目标12中分别得到了强调。同时，这两大总体目标对于实现总体目标8所提出的"促进持久、包容和可持续的经济增长"也具有跨目标领域的贡献作用，即这些目标领域之间在行动上存在强烈的协同效应。还有一个重要的总体目标是目标10"减少国家内部和国家之间的不平等"，在具体目标中强调了低收入人群的收入增长、发展中国家在国际经济和金融机构决策过程中享有更大的代表权和发言权以及特殊情况的国家①在国际贸易中的特殊待遇和官方援助等具体目标。

表 2-3　SDG6 与 SDG8 具体指标设置及其相关内容在千年发展目标中的完成状况

目标内容	千年发展目标的具体目标设置（2000~2015 年）	千年发展目标框架下的成果（截至 2015 年）	可持续发展目标的具体目标设置（2015~2030 年）
目标 6.为所有人提供水和环境卫生并对其进行可持续管理	7.C 到 2015 年将无法持续获得安全饮用水和基本卫生设施的人口比例减半	2015 年使用经改善的饮用水源的比例占到全球 91% 的人口，而 1990 年只有 76%	6.1 到 2030 年，人人普遍和公平获得安全和负担起的饮用水

---

① 特殊情况的国家，为《全球可持续发展报告（2015）》中的表述，指代最不发达国家、小岛屿发展中国家和内陆发展中国家。

续表

目标内容	千年发展目标的具体目标设置（2000~2015 年）	千年发展目标框架下的成果（截至 2015 年）	可持续发展目标的具体目标设置（2015~2030 年）
目标 6.为所有人提供水和环境卫生并对其进行可持续管理	7. C 到 2015 年将无法持续获得安全饮用水和基本卫生设施的人口比例减半	1990 年以来新增的可获取经改善的饮用水的 26 亿人中，有 19 亿人在房舍获取了饮用自来水。目前，全球有半数以上人口（58%）享受这种更高级的服务	6.2 到 2030 年，人人享有适当和公平的环境卫生和个人卫生，杜绝露天排便，特别注意满足妇女、女童和弱势群体在此方面的需求
目标 8.促进持久、包容和可持续的经济增长，促进充分的生产性就业和人人获得体面工作	1. B 使所有人包括妇女和青年人都享有充分的生产就业和体面工作使所有人包括妇女和青年人都享有充分的生产就业和体面工作	2013 年发展中地区不稳定就业率①占总就业比例的约为 56%，发达地区的这一比例为 10%。不稳定就业率在 2008~2013 年降低了 2.8 个百分点，而在之前五年（2003~2008 年）降低了 4.0 个百分点在大多数发展中地区，2008~2013 年的年均劳动生产率增长率较 2003~2008 年有明显的下降。平均来看，发展中地区的劳动生产率增长率从年均 5.6% 降至 4.0%。这种放缓尤其影响到高加索和中亚及西亚。最近时期，只有大洋洲的生产增长加快	8.1 根据各国国情维持人均经济增长，特别是将最不发达国家国内生产总值年增长率至少维持在 7% 8.4 到 2030 年，逐步改善全球消费和生产的资源使用效率，按照《可持续消费和生产模式方案十年框架》，努力使经济增长和环境退化脱钩，发达国家应在上述工作中做出表率 8.5 到 2030 年，绝对保障所有男女，包括青年和残疾人实现充分和生产性就业，有体面工作，并做到同工同酬 8.7 立即采取有效措施，绝对消除强制劳动、现代奴隶制和贩卖人口，禁止和消除最恶劣形式的童工，包括招募和利用童兵，到 2025 年终止一切形式的童工

注：①不稳定就业被定义为全部就业人口中自营就业和家庭雇员所占比例，高比例的劳动者从事不稳定就业显示了非正式劳动安排的普遍性。在这些条件下工作的劳动者通常缺少足够的社会保护，并承受着低收入和艰苦的工作条件，他们的基本权利可能被侵犯。

表 2 - 4 SDG7、SDG9 ~ 12 的相关具体目标及指标设置

目标内容	可持续发展目标的具体目标设置（2015 ~ 2030 年）
目标 7. 确保人人获得负担得起的、可靠和可持续的现代能源	7.2 到 2030 年，大幅增加可再生能源在全球能源结构中的比例 7.3 到 2030 年，全球能效改善率提高一倍
目标 9. 建造具备抵御灾害能力的基础设施，促进具有包容性的可持续工业化，推动创新	9.2 促进包容可持续工业化，到 2030 年，根据各国国情，大幅提高工业在就业和国内生产总值中的比例，使最不发达国家的这一比例翻番 9.5 在所有国家，特别是发展中国家，加强科学研究，提升工业部门的技术能力，包括到 2030 年，鼓励创新，大幅增加每 100 万人口中的研发人员数量，并增加公共和私人研发支出
目标 10. 减少国家内部和国家之间的不平等	10.1 到 2030 年，逐步实现和维持最底层 40% 人口的收入增长，并确保其增长率高于全国平均水平 10.2 到 2030 年，增强所有人的权能，促进他们融入社会、经济和政治生活，而不论其年龄、性别、残疾与否、种族、族裔、出身、宗教信仰、经济地位或其他任何区别 10.c 到 2030 年，将移民汇款手续费减至 3% 以下，取消费用高于 5% 的侨汇渠道
目标 11. 建设包容、安全、有抵御灾害能力和可持续的城市和人类住区	11.1 到 2030 年，确保人人获得适当、安全和负担得起的住房和基本服务，并改造贫民窟 11.2 到 2030 年，向所有人提供安全、负担得起的、易于利用、可持续的交通运输系统，改善道路安全，特别是扩大公共交通，要特别关注处境脆弱者、妇女、儿童、残疾人和老年人的需要 11.3 到 2030 年，在所有国家加强包容和可持续的城市建设，加强参与性、综合性、可持续的人类住区规划和管理能力
目标 12. 采用可持续的消费和生产模式	12.2 到 2030 年，实现自然资源的可持续管理和高效利用 12.3 到 2030 年，将零售和消费环节的全球人均粮食浪费减半，减少生产和供应环节的粮食损失，包括收获后的损失 12.8 到 2030 年，确保各国人民都能获取关于可持续发展以及与自然和谐的生活方式的信息并具有上述意识

全球环境安全

全球环境可持续能力主要包括气候变化、海洋保护和生物多样性保护等内容，属于全球公共产品，事关地球生态安全和人类未来。这些内容，体现在第 13 ~ 第 15 三大目标领域，包括气候变化，海洋资源、海洋的保护和可持续利用，生态系统和生物多样性（见表 2 - 5）。

表 2 - 5　SDG13 ~ 15 具体指标设置及其相关内容在千年发展目标中的完成情况

	千年发展目标的具体目标设置（2000 ~ 2015 年）	千年发展目标框架下的成果（截至 2015 年）	可持续发展目标的具体目标设置（2015 ~ 2030 年）
目标 13. 采取紧急行动应对气候变化及其影响	7.A 将可持续发展原则纳入国家政策和方案，并扭转环境资源的损失	1986 ~ 2013 年，全球消耗臭氧物质（ODS）使用量的下降超过 98%[①]	13.2　将应对气候变化的举措纳入国家政策、战略和规划 13.a　发达国家履行在《联合国气候变化框架公约》下的承诺，即到 2020 年每年从各种渠道共同筹资 1000 亿美元，满足发展中国家的需求，帮助其切实开展减缓行动，提高履约的透明度，并尽快向绿色气候基金注资，使其全面投入运行
目标 14. 保护和可持续利用海洋和海洋资源以促进可持续发展		千年发展目标未包含对海洋与海洋资源的可持续利用方面的内容	14.1　到 2025 年，预防和大幅减少各类海洋污染，特别是陆上活动造成的污染，包括海洋废弃物污染和营养盐污染 14.5　到 2020 年，根据国内和国际法，并基于现有的最佳科学资料，保护至少 10% 的沿海和海洋区域

续表

	千年发展目标的具体目标设置（2000～2015年）	千年发展目标框架下的成果（截至2015年）	可持续发展目标的具体目标设置（2015～2030年）
目标15. 保护、恢复和促进可持续利用陆地生态系统，可持续管理森林，防治荒漠化，制止和扭转土地退化，遏制生物多样性的丧失	7. B 减少生物多样性的丧失，到2010年显著降低丧失率	截至2014年，受保护的生态系统覆盖了全球陆地面积的15.2%以及沿海海域面积的8.4% 1990～2014年，在拉丁美洲和加勒比地区，陆地保护区覆盖率从8.8%上升至23.4%	15.2 到2020年，推动对所有类型森林进行可持续管理，停止毁林，恢复退化的森林，大幅增加全球植树造林和重新造林 15.3 到2030年，防治荒漠化，恢复退化的土地和土壤，包括受荒漠化、干旱和洪涝影响的土地，努力建立一个不再出现土地退化的世界

注：①1987年签署的《蒙特利尔破坏臭氧层物质管制议定书》对于消耗臭氧物质的减少和停用起到重要推动作用。据估计，1986～2012年，《蒙特利尔破坏臭氧层物质管制议定书》减少了相当于超过1350亿公吨的二氧化碳的温室气体排放。

千年发展目标体系对于环境可持续能力的强调非常有限，仅仅在目标7中对国家政策和方案中的可持续发展原则和减少生物多样性丧失进行了宏观粗略的描述。而在可持续发展目标体系中，则明确提出了应对气候变化及相关资金安排，海洋与海洋资源的保护和可持续利用，陆地生态系统的保护、恢复和可持续利用等目标。在总体目标下，具体目标的设置非常全面，例如，在应对气候变化方面，具体目标领域就包括了国际间合作与援助、国家应对和战略规划、相关机构与人员的能力培养、社区和个人的规划与管理由上至下等多个层面。在海洋与海洋资源的保护和可持续利用方面，一方面强调减少海洋废弃物污染和养料污染、生态系统管理与保护、提升恢复力、减少酸化、管制捕捞等相对宏观的目标；另一方面强调小岛屿发展中国家、小规模个体渔民对于海洋资源的科学与可持续利用，显示了对于环境目标与经济目标的兼顾。

社会公正和谐和提升伙伴关系

社会公正和谐主要涉及国际合作和制度建设，体现在第 16 和第 17 两大目标领域。实现和平，是社会发展极为重要的内容，总体目标是创建和平、包容的社会以促进可持续发展，让所有人都能诉诸司法，在各级建立有效、负责和包容的机构。重振可持续发展全球伙伴关系，包括贸易、技术转让和技术能力、融资与债务可持续性、能力建设、加强全球可持续发展的伙伴关系等实施手段和具体目标。

其中，可持续发展目标总体目标 17 是千年发展目标总体目标 8 的延续，分筹资、技术、能力建设、贸易、系统性问题等多个方面对具体目标进行了全面的设置。目标 16 关注的包容性社会与法治方面的内容则是首次进入可持续发展议程，在具体目标方面包括大幅减少暴力行为，制止虐待、剥削、贩卖和一切形式暴力侵害儿童的行为，确保所有人都有平等诉诸司法的机会，大大减少非法资金和武器流动，显著减少一切形式的腐败和贿赂行为等内容。SDG16 ~ 17 具体指标设置及其相关内容在千年发展目标中的完成情况，见表 2 - 6。

表 2 - 6　SDG16～17 具体指标设置及其相关内容在千年发展目标中的完成情况

	千年发展目标的具体目标设置（2000～2015 年）	千年发展目标框架下的成果（截至 2015 年）	可持续发展目标的具体目标设置（2015～2030 年）
目标 16. 创建和平、包容的社会以促进可持续发展，让所有人都能诉诸司法，在各级建立有效、负责和包容的机构		千年发展目标未包含关于促进和平和包容性社会以及促进法治的相关内容	16.1　在全球大幅减少一切形式的暴力和相关的死亡率 16.3　在国家和国际层面促进法治，确保所有人都有平等诉诸司法的机会 16.4　到 2030 年，大幅减少非法资金和武器流动，加强追赃和被盗资产返还力度，打击一切形式的有组织犯罪 16.9　到 2030 年，为所有人提供法律身份，包括出生登记
目标 17. 加强执行手段，重振可持续发展全球伙伴关系	8.A　进一步发展开放的、有章可循的、可预测的、非歧视性的贸易和金融体制 8.C　满足内陆发展中国家和小岛屿发展中国家的特殊需要 8.D　全面处理发展中国家的债务问题 8.F　与私营部门合作，普及新技术、特别是信息和通信技术	2000～2014 年，来自发达国家的官方发展援助实际值增长了 66%，达到 1352 亿美元 发展中国家外债偿债支出相当于出口收入的比重从 2000 年的 12% 下降至 2013 年的 3% 全球范围内，有 2G 移动网络覆盖的人口比例从 2001 年的 58% 上升到 2015 年的 95% 互联网使用人口比例从 2000 年的 6% 增长到 2015 年 43%。32 亿人口链接到全球内容和应用程序互联网	17.2　发达国家全面履行官方发展援助承诺，包括许多发达国家向发展中国家提供占发达国家国民总收入 0.7% 的官方发展援助，以及向最不发达国家提供占比 0.15%～0.2% 援助的承诺；鼓励官方发展援助方设定目标，将占国民总收入至少 0.2% 的官方发展援助提供给最不发达国家 17.3　从多渠道筹集额外财政资源用于发展中国家 17.4　通过政策协调，酌情推动债务融资、债务减免和债务重组，以帮助发展中国家实现长期债务可持续性，处理重债穷国的外债问题以减轻其债务压力 17.5　采用和实施对最不发达国家的投资促进制度

续表

千年发展目标的具体目标设置（2000～2015 年）	千年发展目标框架下的成果（截至 2015 年）	可持续发展目标的具体目标设置（2015～2030 年）
目标 17. 加强执行手段，重振可持续发展全球伙伴关系	8.A 进一步发展开放的、有章可循的、可预测的、非歧视性的贸易和金融体制 8.C 满足内陆发展中国家和小岛屿发展中国家的特殊需要 8.D 全面处理发展中国家的债务问题 8.F 与私营部门合作，普及新技术、特别是信息和通信技术	2000～2014 年，来自发达国家的官方发展援助实际值增长了 66%，达到 1352 亿美元 发展中国家外债偿债支出相当于出口收入的比重从 2000 年的 12% 下降至 2013 年的 3% 全球范围内，有 2G 移动网络覆盖的人口比例从 2001 年的 58% 上升到 2015 年的 95% 互联网使用人口比例从 2000 年的 6% 增长到 2015 年 43%。32 亿人口链接到全球内容和应用程序互联网	17.8 促成最不发达国家的技术库和科学、技术及创新能力建设机制到 2017 年全面投入运行，加强促成科技特别是信息和通信技术的使用 17.11 大幅增加发展中国家的出口，尤其是到 2020 年使最不发达国家在全球出口中的比例翻番

三 重点领域转型发展的总体评估

与只有 8 大领域的联合国千年发展目标①相比，可持续发展目

---

① 2000 年 9 月，在联合国千年首脑会议上，世界各国领导人就消除贫穷、饥饿、疾病、文盲、环境恶化和对妇女的歧视，商定了一套有时限的目标和指标，包括消灭极端贫穷和饥饿；普及小学教育；促进男女平等并赋予妇女权利；降低儿童死亡率；改善产妇保健；与艾滋病毒/艾滋病、疟疾和其他疾病做斗争；确保环境的可持续能力；全球合作促进发展。

标在内容和范围上都有进一步的深化和拓展。不仅要消除贫困，而且还要共享繁荣；不仅是简单的国际合作，而且有具体的可操作的实施手段。尤其值得重视的是，可持续发展目标增加了可持续的工业化、城市化、生产和消费等经济增长导向的发展性领域和指标，直接指向人的发展的驱动力和环境可持续的压力，不仅关注发展中国家，而且关注发达国家的可持续发展实践。OWG 所列出的重点领域，映射出了"一个都不落下"的伟大抱负。同时，目前的重点领域也存在许多需要进一步深入探讨的方面。

首先，发展议程的总体目标和具体目标缺乏一定的转型变革性。例如，消除贫困以及获得可持续发展，没有包括系统性的驱动性目标，以及克服消除贫困障碍的目标。重点领域中所列的关键驱动力是有效的，但是，由于所设置目标太多，它们所能发挥的效用存在被弱化的风险。需要投入更多精力应对产生变革的各种因素，如重新考虑私营部门、公民社会以及国家政府间能源的不均等问题；加强各家庭、生态系统以及全球经济和金融系统的恢复力；使用纳入环境退化及不平等元素的改良版的增长与富裕方式等。

其次，对系统性地解决互联问题强调不足。目前的重点领域体系，目标框架的关联性与有效性不够明确。强化关联性的方式包括解决跨部门、跨主题以及城市－农村连接问题，以及更全面地解决可持续发展的社会、经济与环境维度之间的相互关系。若确立并对各具体目标间的依赖性加以分类，能够在精简具体目标的落实过程中，简化框架，促使提升潜在协同作用，解决权衡取舍问题。不同层级（地方与全球）与行动者之间的协调也在落实的方法与策略方面需要更多思考。

再次，共同行动的框架内有区别的责任不够明确。捐献者－受让者的范式对于落实千年发展目标责任，表述较为清晰。而作为更具普遍适用性的议程，可持续发展目标框架中的各国的作用与责任较为模糊不清。各目标很少与地方政府以及非国家行为者直接关联。而地方政府以及非国家行为者的参与程度对可持续发展目标的落实可以起到至关重要的作用；如果希望加快总体目标的实施进度，使每个国家和个人摆脱（多维度的）贫困，那么具体目标和总体目标需要更加直接地针对所需要的变化，包括国家议程和政策、民间社会和市场行为者的战略及行为所需要的各种变化。

最后，许多具体目标并未真正达到 SMART 标准。[①] 所定具体目标需要更多雕琢，尤其是需要确保这些目标在多种环境下均足够具体和可测量（在不同规模下都可测量）；"朝零努力"[②] 即要真正实现具体目标，在充分利用当前数据的同时，还需要一些次国家层级数据和创新数据的收集。在完善具体目标的过程中，需要更多地考虑地方层级数据的收集。可持续发展要求根本性的行为改变。尽管具体目标在一些情况下具有里程碑意义，但在目前的框架中没有考虑 2030 年后的发展愿景。

以上分析表明，OWG 对于具体重点领域需要深化考虑，有必要就该领域框架的转型变革性、完整性和普遍适用性进行评估。

四 评估具体目标和总体目标所用的标准和问题

对可持续发展目标体系的评估，需要在方法上系统考察其转

---

① 指具体性（Specific）、可测度性（Measurable）、可实现性（Attainable）、关联性（Relevant）和时限性（Timebased），见本章后续讨论。

② 朝零努力（getting to zero），在这里指目标的完全实现而不存在任何差距。

型变革性、普遍适用性和完整性程度，以及所提具体目标是否符合 SMART 标准。用以评估的这些方法和标准，体现了里约成果文件对 OWG 的核心指导原则和要求，以及 OWG 进展报告中 OWG 各成员提出的思路。

（一）转型变革性

联合国秘书长潘基文在 OWG 第一次会议上强调，"为了在全球、区域、国家和地方层面支持以权力为根基的平等而具包容性的可持续发展方式，SDG 应该为转型变革做出贡献"。[①] OWG 在其进展报告中，也特别重视转型变革：可持续发展目标的起点和必要条件，是落实并完成 15 年前联合国制定的千年发展目标。但是，相对于千年发展目标，可持续发展目标需要更加综合、平衡、有抱负、转型，并且可以应对未来挑战。[②]

要实现转型发展，需要应对制度性驱动力和体制性障碍。考察所设立的可持续发展的具体和总体目标是否对消除可持续发展的体制性障碍、对利用可持续发展的制度性驱动力量有所帮助。在所设立的可持续发展的具体和总体目标中，需要嵌入公平、恢复力和生态系统服务价值三个跨领域的概念，从而为消除贫困、走向可持续发展、实现转型变革性议程，发挥积极的实质性推动作用。

---

① Remarks at Opening of Open Working Group on the Sustainable Development Goals, Secretary - General Ban Ki - moon, UN Headquarters, 14 March 2013, http：//www. un. org/apps/news/infocus/sgspeeches/statments_ full. asp？statID＝1784#. U7J7lbKBQQk.

② 见 OWG 进展报告，http：//sustainabledevelopment. un. org/content/documents/3238summaryallowg. pdf。

公平对于转型发展至关重要。所设立的可持续发展是具体和总体目标需要在所有层面上（从家庭层面至全球范围）促进公平。这不仅包括通过包容参与、公开透明和责任明确的政府框架保障和促进公平，而且包括在不同利益群体出现利益冲突时，优先为社会最为弱势的群体提供机会与利益，从而有效提升公平。

系统转型必须要求系统具有恢复力。所设立的可持续发展的具体和总体目标，需要有助于在从家庭层面至全球范围的所有层面上，建立经济的、社会的和生态上的恢复力，并使之成为主流（包括应对气候变化带来的长期风险的恢复力）。这是因为，如果一个社会或系统没有恢复力，对内部的或外界的冲击表现脆弱，这个社会或系统就难以可持续。

生态系统服务的价值需要在转型发展中得到体现。所设立的可持续发展的具体和总体目标，不仅要认可，而且要反映和彰显生态系统服务对人类福祉的价值。

（二）普遍适用性

2012 年里约峰会通过的政治文件《我们憧憬的未来》① 强调，SDG 应该是……在考虑到各国家不同的实际国情、能力以及发展程度，以及尊重国家政策和优先次序的前提下，在本质上具有全球性，普遍适用于所有国家。这就意味着，可持续发展目标具有普遍性或普适性或普世性，或普遍适用性。

目标的普适性，要求"一个也不落下"。考察所设立的可持续

---

① The Future We Want, 为 2012 年 6 月里约峰会上通过的政治文件［2012 年 7 月 27 日大会决议：（A/66/L.56）66/288，我们憧憬的未来，见第 247 条］，见 http://www.un.org/ga/search/view_ doc.asp? symbol = A/RES/66/288&Lang = C。

发展的具体和总体目标是否促使每个个人脱离或者一直远离（各方面的）贫困以及社会保护最低标准，是普适性的基本内涵。可持续发展政策的连贯性，也是一项普适性原则。一个国家所设立的可持续发展的具体和总体目标，如果依赖于其他国家的政策或者行动，就有可能出现政策的不连贯从而产生不确定性。未来减少这种不连续性而引致的不确定性，需要在可持续发展的目标框架体系中有所体现，从而使外部支持也成为目标的一部分。

共同行动，适用于所有国家和个人。对于所设立的可持续发展的具体和总体目标，需要考察是否要求各国之间的共同行动。如果有要求，可持续发展的目标框架需要纳入促进并要求提供的共同行动，并根据各国情况，明确有差异而且具体详细的责任分配。采取共同行动，所设立的可持续发展目标需要明确在哪些方面需要所有国家都赞同并做出贡献。所设立的目标框架，还要能够评估在国际或者地区层面通过共同行动是否能够更有成效或更有效率地完成所设立的总体目标。

普适性原则需要考虑所有国家和行动者。可持续发展的总体目标，必须适用于所有国家。当然，所设立的总体目标也要能够解决一些特定组国家（如非洲国家、最不发达国家、小岛国、中等收入国家和高收入国家）的具体挑战。所设立的可持续发展的具体和总体目标，需要考虑对不同部门都具有相关性和可执行性。这些不同部门包括各级地方政府、公民社会、私营部门，以及城市和农村居民。

（三）完整性

可持续发展目标，需要有其完整性。2012年里约会议的政治决议明确要求所设立的总体目标，应以一种平衡的方式，应对并包含可持续发展的所有三个维度以及其相互关联。①

目标的完整性要求可持续发展三个维度的整合。所设立的可持续发展的具体和总体目标需要包含可持续发展的社会、经济与环境三大支柱。完整性还包括时间尺度。所设立的可持续发展的具体和总体目标，需要考虑社会、经济和环境的发展进程和不同的时间范畴。三大支柱不是孤立的，它们相互关联。这就要求，所设立的可持续发展的具体和总体目标，需要将三大目标相互之间、与其他具体和总体目标潜在的协同作用和权衡取舍问题纳入考虑范围。这种协同和权衡取舍包括不同部门、地理范围以及行政辖区之间的互动，以促进决定和行动的协调性。

（四）SMART（具体性、可测度性、可实现性、关联性和时限性）标准

一般说来，SMART 评价标准多针对的是重点领域中所提出的具体目标，不适用于对总体目标的评估。这是因为，总体目标更具有挑战性（如在《我们憧憬的未来》中阐述的那样）和不确定性，虽然具体目标也具一定的挑战性，但多具有可操作性和可实现性。在讨论转型变革的标准时，已经涉及如何区分总体目标以及具体目标。

可持续发展的目标必须具体，否则，不具有可操作性。这就要求，具体目标需要说明谁应该在何时做到什么；具体目标需要量化，需要具有具体数值；量化的具体目标还要考虑不同国家国

---

① 见《我们憧憬的未来》。

情的基准线和未来趋势。

可持续发展目标需要度量和可测量。所提出的可持续发展的具体目标需要满足以下可测量要求：①有清晰透明的以科学为基础的方法论（可能包括可信赖的代理以解决信息缺口问题）；②能够适应从地方到全球层面等不同规模的分割与加总；③使用精确的基准线①；④因性别、城市/农村、年龄和收入等人口或社会经济团体所导致的差异；⑤充分利用评估框架和数据收集技术的进步；⑥现有的数据收集能力，或提出具体方案以增加数据收集能力，尤其是在国家层面上；以及⑦具有成本效益（如测量成本不高于利益）。

如果可持续发展的具体目标很华丽而不具可实现性，这些目标是没有价值的。因而，可持续发展的具体目标需要将目标定位于普通业务的改变，而不是定位于在所限定期限内达成不切实际的进展。

各种目标之间具有关联性，不是完全独立的。这就要求：①具体目标与其相关的总体目标明确关联；②所涉及的指标能够影响政策决定以帮助进一步迈向具体目标。之所以是具体目标，是因为时限性明确。这就意味着：①具体目标需要注明目标达成年份（最好各具体目标的达成年份一致，并有共同的基准年）；②如果涉及中期目标（如2030年），从近期到中期需要有阶段目标（如国家层面制定的大约间隔五年的计划或里程碑以确保政治可信度），以及远景展望，延至2030年以及之后时期更长的愿景，这样有助于鼓

---

① 需要注意的是，如果在可以确立数据收集战略以确立基准线，并在此基础上设立国家具体目标和追踪进展，那么即使缺少足够的当前信息以确立基准线，也同样应该设立具体目标。

励更具战略性的筹划，并确保诸如生态系统退化、人口增长等可持续发展方面的长期挑战能够被纳入考虑范围。

五　部分目标领域的评估

从学理和方法论视角提出一套对可持续发展目标的评估体系，目的是要使联合国提出的后千年目标更理性、更具可操作性、更具可实现性。上述分析对可持续发展目标的评估提出的一些衡量指标，尽管不具备定量特性，但它们对于重点领域可持续发展目标的评估，具有一定的指导和参考价值。本节应用这一评估框架体系，选取可持续发展目标中的总体目标 2 以及总体目标 8，进行初步评估，用以阐释本文中评估框架的应用，但并未在具体目标水平上做太过详细的说明。

（一）初步评估目标 2

目标 2. 消除饥饿，实现粮食安全，改善营养状况和促进可持续农业

F 粮食和营养是摆脱饥荒消除贫困的基本指标和重点关注。它不仅包括在 2000 年联合国通过的 MDG 中，而且在 OWG 构建的 17 大重点领域中位居第二，可见其重要性。

从转型视角看，该目标领域尚没有针对食品和农业的转型变革日程。虽然具体目标包含广泛的雄心勃勃的指标，但仍然没有或很少提及可持续食物系统以及食品安全和营养的一些关键障碍。这一重点领域需要重视转型发展，可以通过（更好地）解决一些关键问题（同时简化其他方面）来实现，包括：①从局地到全球层面，将小佃农和被边缘化的社区纳入决策过程，赋予并提升他们的权利。②消除使贸易扭曲的农业补贴和提高市场可得性（与第目标 17 中的贸易内容相关）、多样化和稳定性。③采用与生态系统服务一致的农业生产措施并且保护自然资源库（如通过 2℃ 目标的强化行动以更好地支持目标 14 之下的目标，目标 6.4 对水资源相关的生态系统服务有益）。④广泛关注家庭、社区、价值链、国家和全球层面上对不同环境、社会和经济变化的正在加强的恢复力。⑤对农业创新系统进行投资（特别是运用当地知识）。⑥当地附加价值和小型企业发展。⑦农业和农村发展的技术设施。

这一重点领域的第 3 项具体目标，要求到 2030 年，实现农业生产力翻倍和小规模粮食生产者，特别是妇女、土著居民、农户、牧民和渔民的收入翻番，具体做法包括确保平等获得土地、其他生产资源和要素、知识、金融服务、市场以及增值和非农就业机会。

按普适性原则，在这一领域下提出的目标反映了"一个也不落下"的决心。例如，具体目标 2 要求：到 2030 年，消除一切形式的营养不良，包括到 2025 年实现 5 岁以下儿童发育迟缓和体重不足问题相关国际目标，解决青春期少女、孕妇、哺乳期妇女和老年人的营养需求。实现这一总体目标和许多具体目标的能力尤其取决于其他国家的政策和行动以及跨国合作。因此，就特别需要国际政策的一致性创造一个有利的环境。但是，这些关联性没有在这一重点领域中表示出来，这样做也许对今后标准的讨论乃至实施有益。这一重点领域的实施方式包括参考政策一致性的某些贸易方面的信息，但其范围可以更加特殊一些，即包括消除贸易扭曲性补贴和加强市场获取。总体目标和其具体目标都隐含要求协同合作的联合行动，但对应的国家能力和其他条件的具体目标没有区别。虽然在国家层面上能够反映出区别，但在一些情况下这些区别可以应用于一个更广泛的层面以反映特定国家群体的条件。不论是总体目标还是具体目标，在总体上具有普适性，适用于任何个人和国家。但是，具体目标 2 在解决肥胖症上并不明确，而这对许多国家来说可能高度相关。公民社会和私有部门需要的行动，在目标表述中也没有得到很好的解决。

从完整性上看，这一目标领域作为一个整体反映了可持续发展三个维度的一定水平的完整性，但是部门、主题以及规模之间更宽泛的联系还可以进一步加强和明确。例如，让所有人获取营养比实现营养食物的普遍获取所要求的更多：在这一重点领域之下与营养相关的目标和获取清洁水、现代能源、健康服务和教育，以及非传播疾病等目标的关系可以被更进一步地明确。其他没有表述或没有明确的关联包括：城乡联系、食物基础设施和农业系统、消除贫困的小型农业企业和经济发展、土地所有制和作为毁林重要驱动因子的农业。可持续土地利用政策的目标可以促进整体土地利用和自然资源管理。尽管如此，关于制定土地利用政策的过程仍然具有更多的表述空间（包容性、参与性、民主性、部门和规模之间的协调性）。一般说来，将这一建议目标纳入一个更整体的实施方式将有助于目标实现（例如，负责可持续发展战略实施的一个国家进程能够提供资金渠道和监督 SDG 在全国范围内的传播）。

SMART 评估原则侧重的是目标的可操作性。用 SMART 要求来考察这一重要领域之下的建议目标，则发现它们均需要进一步细化。就大多数目标而言，有可能在随后的进程中实现，包括指标层面。获取食物的具体目标、获取生产资料的具体目标以及获取政策支持的目标同时高度相关，重新界定使之更加详细和可量化将对指标有益。在某些情况下通过更加直接地发挥不同行动者的作用，可以使这些目标变得更加详细和具有可操作性。总的来说，重要的是要清楚实现目标的责任在哪里，包括商业和公民社会的贡献。

（二）初步评估目标8

目标8. 促进持久、包容和可持续的经济增长，促进充分的生产性就业和人人获得体面工作

这一总体目标既是发展议程的目标，也是发展议程的手段，是SDG不可或缺的重点领域。

在转型变革性方面，该目标领域还没有设定经济增长的转型日程。向包容性绿色经济和创造体面绿色工作转变的机会和挑战没有很好地解决。收入不平等的驱动因素（国家内部的个人之间和地区之间，以及不同国家之间）没有被提及。尽管公平问题已经有所阐释，但仍然不够充分。在营造公平的环境以促进和支持贫困人口的企业发展机会（包括农业、渔业和林业）而非提供工作等方面还没有形成目标。

从普适性要求看，该目标领域对所有国家都相关，其中特别关注最不发达国家。目标中强调了涵盖加强区域合作和贸易的机会，但是全球市场和跨国合作对国家部门和商业的影响没有被提及。除劳动权利外，没有强调促进全球共同行动。由于全球经济和金融系统变化导致的风险的分担，在目标中也没有得到反映。具体目标中没有促进商业、劳动组织，以及公民社会的行动，而这些是实现这些目标所需要的。政府对于中小微企业的鼓励和帮助，在这一领域的目标设置中有概括描述。

从目标的完整性看，该重要领域对于可持续发展的环境维度考虑相对充分，它在具体目标 8.4 中明确强调了到 2030 年，逐步改善全球消费和生产的资源使用效率，按照《可持续消费和生产模式方案十年框架》，努力使经济增长和环境退化脱钩，发达国家应在上述工作中做出表率。同时，它与目标 10 存在部分重叠。而经济增长和减缓气候变化之间的内在联系并没有被充分考虑在内。目标 17 之下的具体目标的内在联系需要进一步考虑。

对这一领域的目标进行 SMART 评估发现，大部分目标都明确了完成时限。其中，具体目标 8.5 和目标 8.7 使用了绝对保障和绝对消除的表述，目标 8.1 中则包含了具体的保底指标，而对于目标 8.4 全球消费和生产的资源使用效率的改善具体指标：目标 8.6 中未就业和未受教育或培训的青年人比例的减少幅度指标、目标 8.10 中国内金融机构能力加强的指标则未能明确量化。

第三章　全球可持续发展的基本格局

全球各经济体的可持续发展的基本定位，取决于其人口、经济和资源环境状况。从总体上看，发达国家的人口趋稳，经济发达，资源利用效率高但消耗量大，不发达国家人口增长快，经济发展水平低，资源利用粗放但人均资源消耗量低。介于发达国家和不发达国家两个类别之间的国家，多处于动态淡化过程之中，成为全球可持续发展进程的关键力量。

一　世界主要经济体气候、人口与资源的格局淡化

全球发展的基本格局，已从20世纪80年代的南北两大阵营演化为当前的南北交织、南中泛北、北内分化、南北连绵波谱化的局面。所谓南北交织，指南北阵营成员之间在地缘政治、经济关系和气候保护上存在利益重叠交叉。所谓南中泛北，主要指一些南方国家成为发达国家俱乐部成员，一些南方国家与北方国家表现出共同或相近的利益诉求，另有一些南方国家成长为有别于纯南的新兴经济体，仍然属于南方阵营，但有别于不发达国家。所谓北内分化，是指北方内部出现不同利益诉求的集团，最典型的在气候变化国际谈判中立场分化的是伞形国家集团和欧盟，而且这些国家内部也有分化。例如，加入欧盟的原经济转轨国家，如

波兰和罗马尼亚等，与原欧盟 15 国①在气候政策的立场上有较大的分歧。更重要的是，北方国家对全球经济的控制力或相对地位的下降，新兴经济体地位得到较大幅度的提升，以及不发达国家地位的相对持恒。

以气候变化的国际治理格局为例，从 1992 年达成的《联合国气候变化框架公约》的附件 I 和非附件 I 这南北两大阵营，到 1997 年《京都议定书》中对附件 I 国家区分为附件 B 和非附件 B 国家即发达国家和经济转轨国家，再到 2007 年《京都议定书》第二承诺期和《联合国气候变化框架公约》下长期目标谈判"双轨"并行的巴厘路线图，到 2009 年《哥本哈根协议》中不区分附件 I 和非附件 I 国家，也没有单列所谓的经济转轨国家，到 2015 年《巴黎协定》不分南北东西的"国家自主决定的贡献"，法律表述一致，只能从贡献值的不同中看出国家之间自我定位的差异。而这种贡献值本身看不出南北阵营的分界线，表现出连续变化的波普化特征。

在全球整体发展的格局上，尽管出现连续的波普化趋向，但还是存在一些具有典型代表性的国家或地区。概括说来可表述为：两大阵营、三大板块、五类经济体。南北两大阵营依稀存在。发达、新兴和不发达三类经济体大体可辨。发达经济体可分为以美国为代表的人口较快增长、国土开发仍具有较大空间，以欧盟和日本为代表的人口趋稳或下降、国土开发空间基本饱和两类；新兴经济体也可见以中国为代表的人口和经济增长趋稳，以印度为代表的人口和经济快速增长两类；不发达经济体主要为低收入国

---

① 英国于 2016 年 6 月 23 日全民公投脱离欧盟。但在 2030 可持续发展议程和应对气候变化等全球未来议程方面，英国一直与欧盟核心成员国立场一致。

家。这些国家将来可能会不断地分化重组，但作为一个整体，或将在一个相当长的时期内存在。

为了全面理解全球可持续发展格局的演化，本节从"国际经济格局"、"世界能源消费和碳排放格局"和"世界人口数量"角度出发，对1960年以来具有代表性的"五大经济体"，即中国、美国、欧盟、印度和低收入国家的变化情况进行了评估。[①]

（一）国际经济格局的演化

1960～2015年，按现价美元计算，美国和欧盟占世界GDP的比重1960年为39.7%和26.3%（见表3-1），到2015年则分别下降到24.4%和22.1%。中国GDP占世界的比重则由1980年的1.7%快速上升到2015年的14.8%。印度GDP占世界的比重则在近20年有了显著提高，由1990年的1.4%上升到2015年的2.8%。而低收入国家GDP占世界的比重则由1990年的0.4%上升到2015年的0.5%，上升幅度较小。

表3-1　不同经济体占世界经济总量的比重

单位：%

核算方法	国家或地区	1960年	1970年	1980年	1990年	2000年	2010年	2015年
现价美元	中国	4.3	3.1	1.7	1.6	3.6	9.2	14.8
	美国	39.7	36.4	25.7	26.5	30.9	22.9	24.4
	欧盟	26.3	29.0	34.6	33.6	26.5	25.9	22.1
	印度	2.8	2.2	1.7	1.4	1.4	2.6	2.8
	低收入国家	—	—	—	0.4	0.3	0.4	0.5

---

① 部分数据的分析中，加入了其他经济体或国家的数据比较。

（二）世界能源消费和碳排放格局演化

从五大经济体碳排放总量、能源消费量、GDP 和人口占世界比重变化趋势分析，1960~2011 年，美国和欧盟占世界的碳排放比重由 1960 年的 30.76% 和 25.11%（见图 3-1），分别下降到 2011 年的 15.31% 和 10.32%，全球占比下降幅度均超过 1 倍。而中国碳排放占世界的比重则由 1960 年的 8.31% 快速上升到 2011 年的 26.03%，占比幅度上升超过 2 倍。印度碳排放占世界的比重则由 1960 年的 1.28% 上升到 2011 年的 5.99%，上升幅度超过 3 倍。而低收入国家碳排放占世界的比重则由 1960 年的 0.39% 上升到 2011 年的 0.45%，上升幅度较小。

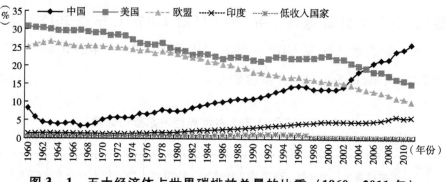

图 3-1　五大经济体占世界碳排放总量的比重（1960~2011 年）

1971~2012 年，美国和欧盟的能源消费占世界比重变化趋势与碳排放趋势基本一致。值得注意的是，美国和欧盟的能源消费总量已达到峰值，而新兴经济体中国和印度尚处在快速增长的通道中。中国的能源消费总量，在 1971 年不到美国的 1/4；而在 2012 年，中国超过美国总量的 1/4。同期，印度的能源消费总量净增 4 倍多。

1971～2012年各大经济体占世界能源消费总量的比重见图3-2。

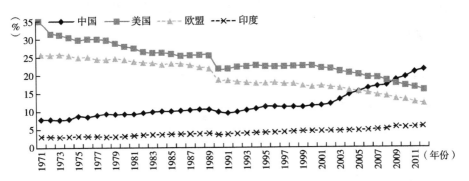

图3-2　各大经济体占世界能源消费总量的比重（1971～2012年）

注：低收入国家的能源消费量缺失。

资料来源：世界银行数据库。

从 GDP 和碳排放二者分析，1960 年，美国和欧盟碳排放占世界比重均超过 1/4，合计达 55.87%，超过半壁江山；而 GDP 占全球的比重接近 2/3，为世界经济的主宰。到 2011 年，美国和欧盟碳排放占世界的比重仅 1/4 强，2015 年按现价美元计美国和欧盟占世界 GDP 的比重已然低于 50%，但仍然高达 46.5%。说明美国和欧盟的碳经济强度呈现显著下降趋势。而中国和印度的碳经济强度明显超出美国和欧盟，以 2011 年为例，中国的碳经济强度为欧盟的 9.08 倍，世界平均水平的 3.33 倍；印度碳经济强度则为欧盟的 6.67 倍，世界平均水平的 2.44 倍。

（三）世界人口数量演化

人口数量增长，随之而来的是粮食、能源、交通、供水、住宅、文化、教育等一系列需求的增长。如果人口增长和资源、环境、发展等方面出现不平衡，便会对人类的可持续发展带来重大影响。相关的可持续发展目标的实现，人口数量显然是关键。1960～2015 年，人口占世界比重上升最快的为印度和低收入国家（参见图 3-3 的部分数据）。

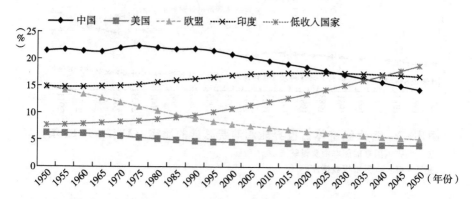

图 3-3　五大经济体占世界人口的比重（1950～2050 年）
资料来源：世界银行数据库。

从图 3-3 数据可见，发达国家人口总体趋稳，未来除美国有较大幅度的增加外，其他发达国家基本都呈下降趋势。新兴经济体中，中国稳中趋降，印度大幅上升，一些低收入国家如尼日利亚、刚果（金）等，快速大幅上升。[①]

二　世界主要经济体发展格局的变化

如果说经济、人口和碳排放格局变化表明各类经济体在某一方面的情况的话，因此，人类发展指数和能源低碳化进程表明的是可持续发展的综合性进程的格局淡化。

---

① 资料来源：United Nations, Department of Economic and Social Affairs, Population Division, 2015; World Population Prospects, The 2015 Revision, DVD Edition. 2015 年为 7 月 1 日数据；2100 年为中等生育率预测数据。

（一）发展阶段

人类发展指数（Human Development Index，HDI）是联合国开发计划署（UNDP）从 1990 年开始发布的用以衡量各国社会经济发展程度的标准，指数根据平均预期寿命、识字率、国民教育和收入水平计算，在世界范围内可以进行国与国之间的比较。

由于人均 GDP 并不是衡量人类发展的唯一指标，因此人类发展指数另外加入两个与生活品质有关的指标——健康和教育。人类发展指数是在三个指标的基础上计算出来的：预期寿命，用出生时的预期寿命来衡量；教育程度，用成人识字率（2/3 权重）及小学、中学、大学综合入学率（1/3 权重）共同衡量；生活水平，用实际人均 GDP（购买力平价美元）来衡量。2013 年人类发展指数的分类标准是超过 0.8 为极高人类发展指数，介于 0.7 ~ 0.8 之间为高人类发展指数，介于 0.55 ~ 0.7 之间为中等人类发展指数，低于 0.55 为低人类发展指数。在 187 个国家中，极高、高、中等和低人类发展指数的国家数量分别为 49 个、53 个、42 个、43 个。

2013 年，美国、中国、印度人类发展指数位次依次为 5、91、135，其中美国为极高人类发展指数水平；欧盟 28 国人类发展水平参差不齐，有位居第 4 位的荷兰，也有位居第 58 位的保加利亚，平均介于极高人类发展指数水平与高人类发展水平之间。中国接近高人类发展指数的平均水平，印度则接近中等人类发展指数的平均水平。而低人类发展指数仅为 0.493，则远远低于世界人类发展指数 0.702 的平均水平（见图 3 - 4）。

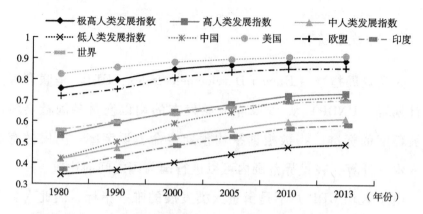

图 3 - 4 人类发展指数水平比较 (1980 ~ 2013 年)
资料来源：联合国开发计划署历年人类发展指数报告。

(二) 能源消费结构

能源消费结构能在一定程度上反映国家应对气候变化的能力和实现低碳可持续发展的潜力。碳排放主要来源于煤炭、石油和天然气等化石能源的大规模使用，根据化石能源品种的碳排放强度进行分类，可以每吨标准煤排放 2 吨 CO_2 为界，将能源品种划分为高碳能源、低碳能源和零碳能源，其中煤炭和石油碳排放强度分别为 2.741 吨 CO_2/吨标准煤和 2.136 吨 CO_2/吨标准煤，属于高碳能源；天然气碳排放强度分别为 1.626 吨 CO_2/吨标准煤，属于低碳能源；太阳能、风能、生物质能、水能等可再生能源和核能属于零碳能源或碳中性能源。[1]

从能源消费结构进行分析，高碳能源比重越大，表明能源消费结构越不清洁低碳。根据英国石油公司 (BP) 能源统计数据，

---

[1] 指生物质能，绿色植物燃烧所排放的碳源于通过光合作用吸收固定大气中的碳，因而是碳中性的。风能、太阳能设备生产可能消耗化石能源而有碳排放。但如果这些设备生产为可再生能源，则为纯零碳能源。

2014 年，中国、美国、欧盟、印度、世界碳能源强度分别为 3.284 吨 CO_2/吨标准煤、2.608 吨 CO_2/吨标准煤、2.299 吨 CO_2/吨标准煤、3.274 吨 CO_2/吨标准煤和 2.746 吨 CO_2/吨标准煤，即相同的能源消费量，中国碳排放量为欧盟的 1.43 倍。其中中国和印度也是 G20 中高碳能源煤炭消费比重超过 50% 的两个大国。各国能源消费结构的调整与优化，除了资源禀赋之外，还取决于各国资金和技术的实力。2014 年能源消费结构比较见图 3 - 5。

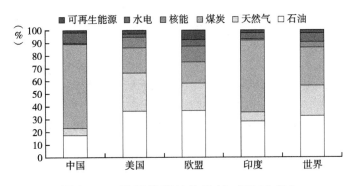

图 3 - 5　能源消费结构比较（2014 年）

从可再生能源（不包括核能）发展分析，根据国际可再生能源机构（International Renewable Energy Agency）的统计，2014 年中国可再生能源装机为 4.55 亿千瓦，占世界的比重为 24.87%，超出欧盟 2.76 个百分点，为美国的 2.24 倍，印度的 6.04 倍。

从可再生能源占能源消费比重分析，根据 BP 能源统计资料，世界范围可再生能源占能源消费比重为 9.25%，中国、美国、欧盟、印度分别为 9.89%、5.40%、12.57% 和 6.82%。从世界范围来看，水电是可再生能源的主体，2014 年水电占世界可再生能源消费比重的 73.50%，中国更是高达 81.94%，印度为 68.02%。美国和欧盟可再生能源呈现多元化态势，水电消费比重不足 50%，风能和太阳能在可再生能源消费中的地位更加重要。

从碳能源强度分析（见图 3 – 6），1960～2011 年，欧盟碳能源强度下降趋势最为显著，从 1960 年的 3.396 吨 CO_2/吨标准煤下降到 2011 年的 2.154 吨 CO_2/吨标准煤。而从 1971 年到 2011 年，中国和印度的碳能源强度分别增加了 46.7% 和 109.7%。

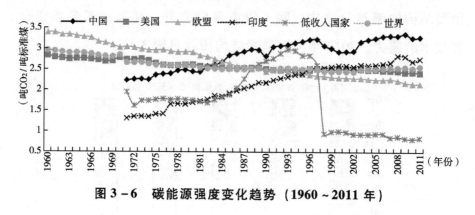

图 3 – 6　碳能源强度变化趋势（1960～2011 年）

（三）世界综合格局的演化

在过去半个多世纪里，地缘政治、世界经济和气候治理格局发生了巨大变化，从地缘政治来讲，从第一世界的美苏争霸到目前的美国独强，第三世界由整体弱势到目前出现新兴经济体和依然大体如故的不发达国家，世界强国俱乐部由 G7（8）发展到包括新兴经济体的 G20。

从世界经济格局看，发达国家在世界经济中的占比从 20 世纪 80 年代的主宰地位下降到仍具有相对优势的地位。按 2005 年不变价计算，美国和欧盟在 1960 年占全球总产出的 69.4%，中国和印度分别只占 1% 左右，到 2014 年，美欧占比下降到 52.0%，而中、印提高到约 12.0%。如果按当年价计，则美欧占比在 2015 年为 46.5%，中国 14.8%，印度 2.8%。如果按购买力平价计，则美、欧、中占比大体相当，均在 16.5% 左右，而为数众多的低收入国家，不论按何种计价方法，占比多在 1% 以下。

如果从能源消费和排放格局看，则新兴经济体与发达国家在世界总量占比的地位则出现了对调，1971 年，美国占世界能源消费总量的近 35%，中国只有 7%；到 2012 年，中国占比提高到 22%，而美国下降到 16%，印度也从 3% 提高到 6%；从化石能源燃煤排放的二氧化碳数量看，2012 年，中国的排放总量已然是美国和欧盟的总和，人均碳排放，中国也达到欧盟的平均水平，远高于世界平均水平。

从气候治理演化格局看，1992 年有南北两大阵营（附件 I、非附件 I）到 1997 年《京都议定书》中分为发达国家、经济转轨国家和发展中国家三大集团，2015 年《巴黎协定》签订时呈不分南北西东的连续波谱化格局。

展望未来格局，这种分化进程还将继续。根据联合国人口预测（中间方案），到 2100 年，美国比当前增加 1.3 亿人口，欧洲减少近 1 亿人口，中国将减少 3.7 亿人口，而印度将增长 3.4 亿人口，尼日利亚净增 5.7 亿人口。人口变化是世界格局的一个重要动因。尽管美国只增加 1.3 亿人口，但美国人均排放是低收入国家的 10 倍以上，中国和欧盟人口稳中趋降的态势，表明未来需求空间有出现逆减的可能。而人口快速增长的低收入国家，在人口数量和生活质量双提升的压力下，需求必将大幅上升。

在这样一种世界格局演化中，美国作为人口仍在增加、国土仍有开发空间的发达国家的代表，在世界经济中的强势地位仍将持续，但相对地位可能有小幅下滑。欧盟作为人口稳中趋降、国土开发空间饱和的发达国家的代表，发达地位仍将持续，但相对地位会有所弱化。中国作为人口趋稳、国土开发空间较为有限的国家的代表，由于经济发展和生活品质的提升，将可能演化到较为发达地位，而且相对地位将有较大提高。印度作为人口快速增长但国土空间较为有限的发展中国家，相对地位会不断提升，但过程较为缓慢。低收入国家人口增速快，但要跳出贫困陷阱，尚存较大困难和不确定性，因而其相对地位大体不会有大的变化。

如果说苏联解体后出现的从计划向市场过渡的是经济转轨国家，中国在世界经济格局中的定位显然不是经济转轨，而是经济转型，涵盖人口、经济、社会、消费、环境等多个方面，是从工业文明向生态文明的整体转型。中国在世界格局中的地位既有别于其他发展中国家，也不同于其他新兴经济体国家，更不是发达国家。中国在转型，是一个经济转型国家。

三 各国可持续发展水平的总体评估

可持续发展单个因子的评估并不能代表可持续发展的整体水平，但多个因子测度的量纲各不相当，不能简单加总得到一个总体数值。因而，17 个总体目标，169 个具体目标，即使数据可获得，但得到统一量纲的总体数据几乎是不可能的。在这样一种情况下，一些机构试图将各目标值作相对指数化处理，然后加总，得到一个综合指数值。这一方法与人类发展指数的获取大致相当，有助于从相对水平上进行总体评估和比较。

（一）南北国家的可持续发展指数差异

在贝塔斯曼基金会（Bertelsmann Stiftung Foundation）以及联合国可持续发展问题解决网络（SDSN）秘书处联合发布的《可持续

发展目标指数与数据集报告》[①] 中，提出了可持续发展目标指数
（SDG Index）的概念。可持续发展目标指数将不同国家在可持续发
展目标上的初始状况[②]进行了排序，用于考察和监测不同国家在各
个可持续发展目标方面的表现，[③] 也能够使每个国家评估和比较其
目标实施进展状况相对于其他国家（如处于某一收入水平的国家
或处于某一地理区域的国家）处于何种程度。

　　报告提出的方法对 17 个可持续发展目标中的每一个目标均至
少提供了一个（通常有数个）典型的量化指标来评价每个国家的
表现，并经过调整得到每个国家在某个可持续发展目标上一个基
于 0（表现最差）到 100（表现最好）的得分。报告在最终步骤中
将某个国家在每个可持续发展目标上的表现的得分进行了平均处
理，[④] 得到该国家的可持续发展目标指数。

　　如果考察各国与可持续发展的目标理想值的差距或实现程度，
大致可将世界分为三大类。第一类，领先国家，在可持续发展目
标进程中已实现 2/3（SDG 指数大于 66.7，见表 3 - 2）。第二类，
居中国家，在可持续发展目标进程中实现程度不到 2/3，但高于一
半（SDG 指数小于 66.7，大于 50.0；对居中国家可进一步细分为

---

① Sachs, J., Schmidt - Traub, G., Kroll, C., Durand - Delacre, D. and Teksoz, K., SDG Index and Dashboards - Global Report, New York：Bertelsmann Stiftung and Sustainable Development Solutions Network（SDSN），2016.

② 为描述"初始状况"，使用的数据尽可能接近 2015 年。

③ 可持续发展目标指数只是初步的尝试，它使用的是目前完全公开的数据，这些数据可能只是未来国家在官方监测目标进展框架下所使用的数据集的子集。

④ 报告采用了算术平均的方式，其优势是表达简洁直观，即一个在 0 和 100 之间的指数得分反映了该国家平均初始的表现，而几何平均的优势在于能够对在某个特定的 SDG 上表现不佳的国家实施惩罚。

中高 SDG 指数国家和中等 SDG 指数国家，见表 3 - 3、表 3 - 4）。
第三类，滞后国家，在可持续发展目标进程中实现程度不到一半
（SDG 指数小于 50.0，见表 3 - 5）。领先国家多完成了工业化进
程，处于后工业化阶段，多为 OECD 成员方。居中国家多处于快速
工业化阶段，极少有进入后工业化阶段的国家，多处于工业化中、
后期阶段。而滞后国家多为不发达国家，处于工业化的初期阶段。

表 3 - 2　高可持续发展目标指数国家（66.7 < SDGI ≤ 100）及排名

国　　家	SDGI	排　名	国　　家	SDGI	排　名
瑞典	84.5	1	白俄罗斯	73.5	23
丹麦	83.9	2	匈牙利	73.4	24
挪威	82.3	3	美国	72.7	25
芬兰	81.0	4	斯洛伐克共和国	72.7	26
瑞士	80.9	5	韩国	72.7	27
德国	80.5	6	拉脱维亚	72.5	28
奥地利	79.1	7	以色列	72.3	29
荷兰	78.9	8	西班牙	72.2	30
冰岛	78.4	9	立陶宛	72.1	31
英国	78.1	10	马耳他	72.0	32
法国	77.9	11	保加利亚	71.8	33
比利时	77.4	12	葡萄牙	71.5	34
加拿大	76.8	13	意大利	70.9	35
爱尔兰	76.7	14	克罗地亚	70.7	36
捷克共和国	76.7	15	希腊	69.9	37
卢森堡	76.7	16	波兰	69.8	38
斯洛文尼亚	76.6	17	塞尔维亚	68.3	39
日本	75.0	18	乌拉圭	68.0	40
新加坡	74.6	19	罗马尼亚	67.5	41

国 家	SDGI	排 名	国 家	SDGI	排 名
澳大利亚	74.5	20	智利	67.2	42
爱沙尼亚	74.5	21	阿根廷	66.8	43
新西兰	74.0	22			

表 3 - 3 中高可持续发展目标指数国家（60＜SDGI≤66.7）及排名

国 家	SDGI	排 名	国 家	SDGI	排 名
摩尔多瓦	66.6	44	约旦	62.7	59
塞浦路斯	66.5	45	黑山	62.5	60
乌克兰	66.4	46	泰国	62.2	61
俄罗斯	66.4	47	委内瑞拉	61.8	62
土耳其	66.1	48	马来西亚	61.7	63
卡塔尔	65.8	49	摩洛哥	61.6	64
亚美尼亚	65.4	50	阿塞拜疆	61.3	65
突尼斯	65.1	51	埃及	60.9	66
巴西	64.4	52	吉尔吉斯斯坦	60.9	67
哥斯达黎加	64.2	53	阿尔巴尼亚	60.8	68
哈萨克斯坦	63.9	54	毛里求斯	60.7	69
阿拉伯联合酋长国	63.6	55	巴拿马	60.7	70
墨西哥	63.4	56	厄瓜多尔	60.7	71
格鲁吉亚	63.3	57	塔吉克斯坦	60.2	72
马其顿	62.8	58			

表 3 - 4 中等可持续发展目标指数国家（50＜SDGI≤60）及排名

国 家	SDGI	排 名	国 家	SDGI	排 名
波黑	59.9	73	尼加拉瓜	57.4	90
阿曼	59.9	74	哥伦比亚	57.2	91
巴拉圭	59.3	75	多米尼加共和国	57.1	92
中国	59.1	76	加蓬	56.2	93
牙买加	59.1	77	萨尔瓦多	55.6	94

续表

国　家	SDGI	排　名	国　家	SDGI	排　名
特立尼达和多巴哥	59.1	78	菲律宾	55.5	95
伊朗	58.5	79	佛得角	55.5	96
博茨瓦纳	58.4	80	斯里兰卡	54.8	97
秘鲁	58.4	81	印度尼西亚	54.4	98
不丹	58.2	82	南非	53.8	99
阿尔及利亚	58.1	83	科威特	52.5	100
蒙古	58.1	84	圭亚那	52.4	101
沙特阿拉伯	58.0	85	洪都拉斯	51.8	102
黎巴嫩	58.0	86	尼泊尔	51.5	103
苏里南	58.0	87	加纳	51.4	104
越南	57.6	88	伊拉克	50.9	105
玻利维亚	57.5	89	危地马拉	50.0	106

表 3 -5　低可持续发展目标指数国家（SDGI≤50）及排名

国　家	SDGI	排　名	国　家	SDGI	排　名
老挝	49.9	107	多哥	40.9	129
纳米比亚	49.9	108	贝宁	40.0	130
津巴布韦	48.6	109	马拉维	39.8	131
印度	48.4	110	毛里塔尼亚	39.6	132
刚果（布）	47.2	111	莫桑比克	39.5	133
喀麦隆	46.3	112	赞比亚	38.4	134
莱索托	45.9	113	马里	38.2	135
塞内加尔	45.8	114	冈比亚	37.8	136
巴基斯坦	45.7	115	也门	37.3	137
斯威士兰	45.1	116	塞拉利昂	36.9	138
缅甸	44.5	117	阿富汗	36.5	139
孟加拉	44.4	118	马达加斯加	36.2	140

国　家	SDGI	排　名	国　家	SDGI	排　名
柬埔寨	44.4	119	尼日利亚	36.1	141
肯尼亚	44.0	120	几内亚	35.9	142
安哥拉	44.0	121	布基纳法索	35.6	143
卢旺达	44.0	122	海地	34.4	144
乌干达	43.6	123	乍得	31.8	145
科特迪瓦	43.5	124	尼日尔	31.4	146
埃塞俄比亚	43.1	125	刚果（金）	31.3	147
坦桑尼亚	43.0	126	利比里亚	30.5	148
苏丹	42.2	127	中非共和国	26.1	149
布隆迪	42.0	128			

　　三个北欧国家瑞典、丹麦和挪威在可持续发展目标指数上位于最前列，它们距离实现 2030 年设定的可持续发展目标最为接近，但分数也显著低于可能达到的最高值 100。

　　贫穷的国家——包括大多数西亚和非洲国家，在可持续发展目标指数的排名中靠后，且普遍低于 50。这在客观上也是由于许多可持续发展目标如消除极端贫困（SDG 1）和饥饿（SDG 2）、确保健康的生活方式（SDG 3）、确保优质教育（SDG4）、安全饮用水和卫生设施（SDG6）、现代能源服务（SDG7）、体面的工作（SDG8）和可持续的基础设施（SDG 9），都是许多世界上最贫穷国家仍旧面临的重要挑战。

　　中国在全部的 149 个国家中，以 59.1 分排在第 76 位，处于所有国家的中间水平，而另一发展中大国印度则仅以 48.4 分排在第 110 位，排名相对靠后。

（二）南北国家实施可持续发展具体目标的状况出现分化

可持续发展包括三个重要的维度，即经济发展、社会包容和环境可持续性，尽管高收入国家在可持续发展目标指数上的整体表现要优于发展中国家，但是具体到每个目标来看，即使许多高收入国家在实现某些可持续发展目标方面也会处于相对落后的境地。例如，许多高收入国家都需要调整能源结构，实现从高碳向低碳能源的转型，以实现可持续发展目标 7（确保人人获得负担得起的、可靠和可持续的现代能源）和目标 13（采取紧急行动应对气候变化及其影响）。

同时，高收入国家，以 OECD 国家为例，在实施各项可持续发展的具体目标方面也表现出较大分化。表 3-6 列举了在一些可持续发展目标领域不同 OECD 国家的指标数值。可以看到在许多领域，排名靠前的国家与排名靠后的 OECD 国家在指标上表现出巨大差距。例如在肥胖率，可再生能源比例，未就业、受教育和培训的青年比例，性别工资差距，研发人员比例等指标上，表现最好的国家与最差的国家的差距甚至超过了 5 倍。

表 3-6　OECD 国家在多项可持续发展目标指数上的表现差异

与可持续发展目标相关的指标（单位）	表现最好的三个国家（数值）	表现最差的三个国家（数值）
SDG1 贫困线 50%（%）	捷克（6）、丹麦（6）、冰岛（6）	土耳其（19）、墨西哥（20）、以色列（21）
SDG2 肥胖率（%）	日本（3.3）、韩国（5.8）、奥地利（18.4）	新西兰（29.2）、土耳其（29.5）、美国（33.7）

续表

与可持续发展目标 相关的指标（单位）	表现最好的三个国家 （数值）	表现最差的三个国家 （数值）
SDG3 年龄大于 15 岁的吸烟者的 比例（%）	瑞典（10.7）、爱尔兰 （11.4）、墨西哥（11.8）	匈牙利（26.5）、智利 （29.8）、希腊（38.9）
SDG4 受高等教育人口比例（%）	加拿大（51.4）、以色列 （46.4）、日本（46.4）	葡萄牙（17.3）、意大利 （14.9）、土耳其（14）
SDG5 性别工资差距（%）	新西兰（6.2）、挪威 （6.4）、比利时（6.4）	加拿大（19.5）、日本 （26.5）、韩国（36.3）
SDG7 最终消费中的可再生能源比 例（%）	冰岛（84.7）、挪威 （46.9）、新西兰（38.3）	日本（4.2）、卢森堡 （3.2）、韩国（0.7）
SDG8 未就业、受教育和培训的青 年比例（%）	日本（6.6）、卢森堡 （8.2）、（8.5）	意大利（27.7）、希腊 （28.3）、土耳其（31.6）
SDG8 人口就业比例（%）	爱尔兰（78.5）、挪威 （73.8）、瑞士（73.6）	墨西哥（45.3）、希腊 （41.9）、土耳其（28.7）
SDG9 研发人员（每 1000 人） （人）	以色列（17.4）、芬兰 （15.3）、丹麦（14.7）	土耳其（3.5）、智利 （1）、墨西哥（0.8）
SDG10 PISA 社会公平指数（0 ~ 10）	瑞典（7.5）、芬兰 （7.1）、丹麦（7.1）	意大利（4.7）、匈牙利 （4.4）、希腊（3.6）
SDG11 人均房间数量（间）	加拿大（2.5）、新西兰 （2.4）、美国（2.4）	波兰（1.1）、土耳其 （1.1）、墨西哥（1）
SDG12 不可循环的城市固体废弃物 （公斤/人/年）	韩国（0.5）、斯洛文尼 亚（0.6）、波兰（0.7）	葡萄牙（1.9）、挪威 （2.2）、爱尔兰（2.4）

发展中国家也以区域为特征在可持续发展目标的各项指标表现中出现分化，例如，东亚和南亚国家在可持续发展指数上的表现要明显好于其他发展中国家。与大多数西亚国家与非洲国家相比，它们最重要的成绩在于极端贫困人数的减少（SDG1）。

（三）南北国家在可持续发展目标中的优先事项

根据《可持续发展目标指数与数据集报告》对可持续发展具体目标的指标的数据统计与评价①来看，以发达国家和高收入国家为主的 OECD 国家阵营中，有平均超过 1/3 的目标被评价为"红色"等级，这也意味着这些国家在 1/3 的可持续发展目标中，至少有一个指标被评价为"红色"等级。OECD 国家在可持续发展目标方面的最主要挑战来自可持续消费与生产（SDG12）、气候变化（SDG13）和生态系统的保护（SDG14、SDG15）。有几个 OECD 国家则是因为农业产业的不可持续性以及肥胖率较高在 SDG2 上被评为"红色"等级。此外，许多 OECD 国家在达成 SDG17 上面临重大挑战，这也是由于它们对国家发展合作缺乏资金援助与贡献，部分国家则面临经济的低增长、高失业率以及性别不平等，影响到其 SDG8 和 SDG5 的评价。

东亚和南亚国家在各项指标上，领先于其他发展中国家。这一区域的国家面临的主要挑战来自健康（SDG3，尤其是涉及卫生体系和一些传染性疾病控制的具体目标）和教育（SDG4）。同样，

---

① 报告为各个相关指标值赋予了颜色等级，包括红色（分数较低）、黄色和绿色（分数较高），每一个可持续发展目标可能有多个评价指标，一个国家在某一个可持续发展目标的颜色等级评价取决于各项指标中分数最低的颜色评价，这有助于发现可持续发展目标实施中的差距而不是优势。

这些国家也因为面临着高居不下的营养不良和发育迟缓率，或农业的不可持续性从而在 SDG2 上处于低评级，在确保基本的基础设施服务方面也存在巨大缺口（SDG6、SDG7、SDG9）。此外，许多国家在消除性别不平等（SDG5）和促进环境可持续发展（SDG11～15）方面面临挑战。

东欧和中亚国家面临的最紧迫的挑战来自社会服务和基础设施（SDG9）的提供。这些国家同样在性别不平等（SDG5）、解决可再生能源和气候变化（SDG7、SDG13）、可持续消费和生产（SDG12）以及生态系统保护（SDG14～15）的相关指标中获得低评价。该地区的一些国家还表现出非常高的收入不平等率（SDG 10）。

拉丁美洲和加勒比国家，极高程度的不平等（SDG 10）成为一个关键的问题，同样，许多国家和地区存在性别不平等（SDG5）。此外，许多国家无法提供足够的基础设施，特别是通信基础设施（SDG9）。值得注意的是，尽管人均收入水平相对较高，一些国家仍然面临健康（SDG3）和教育（SDG4）方面的重要挑战。由于可持续发展目标体系对于环境可持续性的更加重视，也使得该地区一些国家在可持续消费与生产（SDG12）、海洋（SDG14）、气候变化（SDG13）和陆地生态系统（SDG15）等相关目标方面面临挑战。在一些贫穷的国家还表现出频繁的暴力（SDG16）。作为该地区最贫穷的国家，海地在几乎所有的可持续发展领域都面临着特别的挑战。

在中东和北非等旱地较多的国家，粮食安全、农业可持续发展（SDG2）和可持续水管理（SDG6）成为大多数国家需要优先考虑实现的目标。与 SDG 8 相关的指标数据表明，许多国家无法实现足够快的经济增长且失业率较高。有几个国家面临着性别不平等的挑战（SDG5），许多国家也在实现低碳能源系统以应对气候变化（SDG 13）、保护海洋（SDG 14）和陆地生态系统（SDG15）等方面面临挑战。一些国家还需要优先考虑对新技术吸收引进（SDG9），个别国家由于处于冲突战乱（SDG 16）之中，在各个可持续发展目标领域的表现全方位落后。

撒哈拉沙漠以南的非洲作为世界上最贫穷的地区，尽管正实现着重大进步与发展，但仍然面临着几乎所有可持续发展目标领域的挑战。其中，最主要的挑战是消除极端贫穷和饥饿（SDG1 ~ 2）、健康（SDG 3）、教育（SDG4）以及基础设施的覆盖（SDG9）。尽管这些目标领域在千年发展目标的议程框架下取得了巨大进展，但对于实现涵盖面更加广泛、目标更加具体深入的可持续发展目标体系，显然需要采取更多的紧急行动以帮助撒哈拉以南非洲地区应对更多、更大的挑战。这些挑战包括城市可持续发展（SDG 11），减少不平等（SDG 10），和平、安全和法律制度建设（SDG16）。由于目标 17 的相关指标处于低评价值，可以看到，撒哈拉以南非洲地区在调动国内收入以及信息和通信技术的部署方面具有巨大的潜力。

表 3-7 汇集了上述各个区域的国家所集中面临的挑战领域，以实现该项可持续发展目标在大多数、部分以及少数国家成为重大挑战分别作为识别其极其优先、优先和较为优先的目标领域。

表 3-7　不同国家群体的可持续发展目标的优先性

国家群体	极其优先	优先	较为优先
OECD 国家	SDG12 ~ 15、SDG17	SDG5、SDG8	SDG2
东亚和南亚国家	SDG3 ~ 4、SDG11 ~ 15	SDG2、SDG6 ~ 7、SDG9	SDG5

续表

国家群体	极其优先	优先	较为优先
东欧和中亚国家	SDG9	SDG5、SDG7、SDG12～15	SDG10
拉丁美洲和加勒比国家	SDG5、SDG9、SDG10	SDG3～4、SDG12～15	SDG16
中东和北非国家	SDG2、SDG6	SDG5、SDG8、SDG13～15	SDG9、SDG16
撒哈拉沙漠以南的非洲国家	SDG1～4、SDG9	SDG10～11、SDG16～17	—

第四章　转型发展的理念与实践

落实《2030 年可持续发展议程》和《巴黎协定》明确的各项目标，任务艰巨，任重而道远。人类社会需要"走得快"，还要"走得远"。表象的"改革"或"转轨"难以实现人类社会可持续发展的目标，难以摆脱高碳困境，更不用说走向零碳。因此，必须从根本上进行全面深入的"转型"，对工业文明加以提升和改造，向人与自然、人与社会和谐的生态文明的发展范式转型。保护自然、改善生态环境，就是保护和发展生产力。自然价值、生态资产，需要在国民经济核算体系中得到科学客观的体现。发达国家需要生活方式的转型，发展中国家需要生产方式的转型。我们已经有了一个全球可持续发展的转型议程，中国的生态文明建设实践、低碳转型绩效卓著。落实《巴黎协定》的目标，转型需要合作创新。

一　工业文明道路的困境

工业革命以来的思维定式和政策导向，是经济增长和财富积累。经过近三个世纪的增长，物质财富得到了极大的提高，但是进一步增长的动力缺失，源泉耗竭。资本脱离实体经济空转，财富向一小部分资本大鳄集中，中产阶级话语地位式微，贫富差距不断拉大，穷人坠入贫困陷阱不能自拔，越陷越深。发展中国家的环境污染和生态退化加剧，物种消失、海洋酸化、全球地表升温等关乎人类未来的地球环境变化直接威胁当前的发展。可持续发展在工业文明的社会形态下得到认可，但得不到执行。

1992 年，联合国通过 21 世纪议程，寻求可持续发展。在世纪交替之际，可持续发展仍多停留在口号或理想层面，贫困问题挥之不去，而且呈恶化趋势。2000 年，联合国首脑会议通过千年发展目标，希望通过国际社会的共同努力，在 2015 年能够在可持续发展的重要领域，尤其是减缓贫困和保障人的发展权益方面取得决定性进展。15 年过去了，情况并没有改观。在工业文明的发展道路上，可持续发展似乎举步维艰。千年发展目标不能实现，拿什么来面对未来？只能是可持续发展。可是可持续发展，需要具体目标、指标、测度。选取哪些目标，选用哪些指标，目标值如何确定？按照工业文明的思维范式，难以找到答案。直到 2015 年，人们终于发现，可持续发展，必须转型发展！2015 年 9 月在纽约联合国首脑会议上通过的联合国《2030 年可持续发展议程》，就是一项转型议程，"让我们的世界转型"。

2015 年 12 月在巴黎举办的联合国气候会议上达成的《巴黎协定》，也是一项可持续发展的转型议程，以去碳化为测度的从高碳向零碳的转型，涉及生产、生活、能源、经济等方方面面。全球气候谈判始于 1990 年。在 1/4 个世纪之后，终于达成一项明确将全球温升幅度控制在相对于工业革命前不高于 2℃，尽快达到碳排放峰值，并在 21 世纪后半叶实现净的零排放目标的国际协定。从目前各国提交的国家自主贡献（Intended Nationally Determined Contributions, INDCs) 看, 巴黎目标的实现几乎无可能。① 温室气体减排, 谁该减、减多少, 难以达成共识。美国前副总统戈尔在第二届绿色经济与应对气候变化国际会议上, 引用"如果你想走得快, 那么你就一个人走; 如果你想走得远, 那么大家一起走",② 说: "全球减排, 我们既要走得快, 又要走得远。"如何才能做到这点呢?

可持续发展进程, 30 多年没有实质性突破; 应对气候变化, 20 多年的谈判没有结果。指向 2030 年的可持续发展目标, 多达 169 项, 有的甚至有具体的量化指标, 但这只是一项政治共识, 没有法律约束性。历史性的《巴黎协定》, 尽管有目标, 名义上也有约束力, 但是没有路径。显然, 这是一个悖论。由于涉及气候变化, 戈尔又因倡导减排而获得诺贝尔和平奖,③ 姑且称之为"戈尔悖论"。落实《2030 年可持续发展议程》也面临同样的悖论。如何破解这一"走得快与走得远"的"戈尔悖论", 世界各国一起加速前行实现《2030 年可持续发展议程》和《巴黎协定》的目标, 是国际社会亟待解决的难题。

实际上, 这一难题的破解, 已经有认知上的突破和实践经验的支撑。在人与自然的关系方面, 在工业革命初期马尔萨斯提出传统农业文明下自然生产力不足以支撑人口增长的魔咒,④ 该魔咒随后被工业文明成功消除。但随工业文明而来的大量资源消耗和

---

① UNFCCC, Synthesis Report on the Aggregate Effect of the Intended Nationally Determined Contributions, FCCC/cp/2015/7.

② 非洲谚语。

③ 2007 年, 戈尔与联合国气候变化专门委员会一起, 分享该年度诺贝尔和平奖。

④ 马尔萨斯论证: 人口以几何级数增加, 生活资料以算术级数增加, 人口过剩和食物匮乏是必然。使两者动态平衡的是贫穷与罪恶。见〔英〕马尔萨斯《人口原理》, 朱泱等译, 商务印书馆, 1992。

环境污染，使得人类生存环境受到严峻威胁。20 世纪 50 年代欧美城市的严重雾霾和 60 年代日本、美国化学污染物对人体健康和生态系统的毒害，使得人们渴求回归自然的春天。① 环境问题已经超出了一个人、一个社区、一个国家的范畴。环境问题不是单打独斗就可以解决的问题，而是需要人类社会共同努力，"大家一起走"。1972 年，联合国在瑞士首都斯德哥尔摩召开的"联合国人类环境会议"第一次将环境问题提到国际议事日程。40 年过去了，2012 年"里约加 20"联合国可持续发展会议，似乎也没有找到答案，只能授权"开放工作组"提出方案。② 经过三年的努力，OWG 提交的方案给出了"转型"的选项，在 2015 年 9 月的联合国首脑会议上得到首肯。中国自 21 世纪初以来开展生态文明建设实践，尝试不走发达国家的老路，寻求人与自然的和谐，成效突出，得到了国际社会的广泛认可。

这也就意味着：转型发展是协调人与自然关系的出路所在。转型能否成功，2016～2030 年的实践有着决定性的意义。这就要求国际社会进一步深化转型认知，自觉践行可持续发展，使人类社会能够主动摒弃人与自然对立的工业文明发展范式，迈向生态文明新时代。

---

① 〔美〕蕾切尔·卡森：《寂静的春天》，吕瑞兰、李长生译，上海译文出版社，2008，第 361 页。

② 联合国"里约加 20（Rio＋20）"，系 1992 年在里约举办联合国环境与发展首脑会议 20 周年之际，举办的主题为可持续发展的首脑会议，但未能就 2015 年后的可持续发展达成共识，因而授权成立"开放工作组"，确定可持续发展目标和"2015 后议程"。OWG 在 2015 年 7 月 8 日向联合国提交《2030 年可持续发展议程》。

二 可选途径的比较

长期以来，人们一直在探索各种可能的方式，协调人与自然的关系，破解"戈尔悖论"。如果我们系统梳理一下，大致有 5 种方式，包括：改变、改革、转轨、革命和转型。有些方式在一定条件下可能取得一定的效果，但受到各种条件的制约，难以从根本上解决问题。

改变，即 change，是我们一旦面临问题或挑战的一种自然反应或选择。2008 年，奥巴马在美国总统大选期间打出的标签，就是"改变"。人们也都期望发生改变，而且是有利于各自利益最大化的改变。但问题在于，改变没有方向感，注重表象的东西，触及不了根本，可能来回折腾，而且缺乏深层次的、持久的动力。实际上，我们一直致力于改变，有的变好了，有的变差了。好的希望维系和提升，差的希望再改变。通常情况下，有阻力而且大，结果可能是改不了、变不了。奥巴马当政八年，试图在全球气候变化中表现出领导力，但其在国内推行"清洁电力法案"并不成功，而且实际上，似乎也没能改变美国在全球气候治理中"缺乏力度、不愿担当"的形象。

改革，即 reform。所谓改革，意味着形式上的重组，显然比"改变"的力度大、诉求强，而且方向性也比较明确，成果可能固化，具有持久性。但是，改革多涉及利益格局的调整，即使是把"蛋糕做大"，增加的这一部分，即改革的成果，如何分配，也存在利益博弈，既得利益者会百般阻挠而使改革寸步难行，或者话语地位强势者侵占乃至剥夺弱势群体利益而使改革倒退。历史上的许多改革、改良多以失败告终，原因就在于既得利益集团维护和强化既得利益，无既得利益者多没有话语权。1990 年以来的气候变化的谈判格局，正是这样一种既定格局的利益博弈。权力格局不变，结局就不可能变。由于 20 世纪 90 年代的南北（即发展中国家和发达国家）格局演化形成 2010 年以来的发达、新兴和不发达经济体三大板块的新格局，全球气候制度的改革才出现转机。①

转轨，即 transition。20 世纪 90 年代初，苏联、东欧国家极权政权终止，标榜"市场经济"的西方资本主义社会称之为经济转轨国家（Economies in Transition，EIT），意即从中央计划经济向分权的市场经济转轨的国家。转轨已经跨越 1/4 个世纪，除加入欧盟的原东欧国家外，苏联解体后的独联体国家多数归入发展中国家行列，一些国家如吉尔吉斯斯坦、乌兹别克斯坦、塔吉克斯坦、土库曼斯坦，人类发展指数低于 0.690，远低于世界平均水平 0.711，位居第 109 名以后，有的甚至成为不发达国家。② 在 1997 年达成的《京都议定书》中，有关于附件 I 国家③温室气体减排的市场机制，专门有一项④就是允许经济转轨国家可以将自己节能提高能效而减排的额度卖给附件 I 中的西方发达国家缔约方。20 多年过去了，经济转轨国家已经不复存在了，转轨似乎并不成功。苏联解体后，

---

① 王谋：《通往巴黎：国际责任体系的变与不变》，载王伟光、郑国光主编《应对气候变化报告（2015）：巴黎的新起点和新希望》，社会科学文献出版社，第 1～22 页。

② UNDP, Human Development Report, 2015.

③ 为《联合国气候变化框架公约》附件 I 所列入的国家，这些国家已经进入后工业化阶段；没有被列入的国家为非附件 I 国家，指发展中国家。

④ 即《京都议定书》中的联合履行（Joint Implementation）条款。另外两条机制指排放贸易（Emissions Trading），只是在发达国家之间的碳配额交易，以及清洁发展机制（CDM），发展中国家的减排卖给发达国家抵消其减排义务的条款。见 UNFCCC, Kyoto Protocol, 1997。

俄罗斯人均碳排放（化石能源燃烧）从 20 世纪 90 年代中期的 10.5 吨左右，发展到 2010 年的 10.8 吨左右，没有表现出"转轨"的迹象。就低碳发展来看，发达国家的市场经济也好，经济转轨国家的"计划经济"也罢，是两条并行之轨，不会转向低碳道路。

革命，即 revolution。18 世纪英国的工业革命，靠技术引领，社会实现了根本性变革。"走"得很快，带着全世界迈向工业化、城市化，相对于农业社会，目前已经走得很远了。工业革命，英国引领，从者甚众，各皆尽力追之，但是，三个世纪过去了，一些不发达国家依然故我。昔日辉煌的工业革命发祥地和今日工业继续革命的发达经济体，不断技术创新，仍然引导发展，但社会贫富分化日趋严重，生态破坏难以遏制，温室气体减排成效甚微。中国倡导能源生产和消费革命，也取得了较大成绩。但是，从者有限。如果能够低碳革命，则可能走得快，也走得远。但问题是：革命需要动力，由于社会惰性的存在，这种动力还必须是"爆发式"的。显然，当前的低碳革命的动力比较有限，不具有"爆发力"，目前已有星星之火，但难成燎原之势。工业继续革命缺乏力度，能源革命领跑者的速度也不快，因而工业文明范式下的"革命"方式，也难以有效破解"戈尔悖论"。

转型，即 transformation。转型是一种质的飞跃和变化，不仅仅是一种量的改良。需要有价值观的转变、发展目标的转变、生产和生活方式的转变、能源生产与消费的转变、与之相适应的体制机制转变，等等，转型是综合性的、全面的。这就意味着，消除贫困，仅有发达国家是不够的，发展中国家，尤其是低收入国家，并非要实现发达国家的富裕水平，但是要根除贫困。低碳转型，不是某一个国家走得快，也不是所有国家在某一个方面走得快，而是所有国家在所有方面都走得快。只有这样，低碳发展、实现《巴黎协定》的目标，才能既走得快，又走得远。

三 需要转型思维

文明转型是基础和根本。转型，从哪儿转，转向何处？是要从工业文明转向生态文明。工业文明的伦理基础是功利主义，价值评判测度是效用，目标函数是利润最大化，能源基础是化石能源，生产方式是线性的（从原料经过生产过程到产品和废料），消费模式是铺张浪费、奢华的。① 生态文明显然不是这样，生态文明的伦理认知是尊重自然，认可自然价值和生态资产，目标函数是社会福祉和可持续发展，能源基础是可再生能源，生产方式是循环再生，消费模式是绿色、低碳、健康、品质。因而，转型不是表象的环境保护或消除贫困，而是触及并消除环境退化和贫困问题的深层次原因。

为什么可持续发展和低碳转型困难重重，举步维艰？原因就在于：我们的思维固化了。我们看到的，贫困是一种负担，饥荒与富人无关，污染距离遥远。因而，发展援助"是纳税人的钱"，要优先满足纳税人的需要，帮助穷人是一种施舍，有则给之，少胜于无。殊不知，无论穷人富人，生存与发展是一种权益。提升穷人的教育水平和健康条件，增加的是人力资本、消费能力，拉动的是经济增长。零和博弈的思维认为低碳是一种约束，不利于经济发展；减排是一种责任，需要大家分担。习近平说："环境就是民生。保护环境就是保护生产力，改善环境就是发展生产力。"这就是转型思维。气候就是民生。高温热浪、洪涝旱灾，城市"观

---

① 潘家华：《中国的环境治理与生态建设》，中国社会科学出版社，2015。

海"、物种消失，人类赖以生存的环境恶化了，何谈民生福祉，民生甚至只能"凋零"。保护气候就是保护生产力，所谓"风调雨顺"，就会五谷丰登，瑞雪兆丰年。高温炙热、水源枯竭，自然不给力，人类再努力，也只能赤地千里，颗粒无收。显而易见，改善气候就是发展生产力。减缓气候变化，最有效的途径是发展零碳能源，提升能源效率。零碳的风能、水能、太阳能、地热能，以及碳中性的生物质能的开发利用，设备的生产、安装、维护、利用，就是投资机会，也能创造更多的就业岗位，成为经济增长的源泉和动力。提升能源效率，显然也需要技术创新，研发新材料，开发新产品。这些显然是机遇，是动力，是潜力。

国民经济核算方式和体系必须转型。当前使用的国民经济核算体系（SNA），是基于工业文明模式的一种核算体系，忽略自然价值，低估了生态资产。国民收入也好，国内生产总值也好，均是以效用来度量的市场交易，以实现的货币额度来测算。自然价值、生态资产，均不能在这一核算体系中得到科学、有效的体现。而且在这一体系下的核算会导致竭泽而渔，今年的收益可以非常大，来年"无鱼"则收益为零，不具备可持续的内涵。就是国际通用的贫困线，也是以人均货币量来度量，人均每天 1.25 美元，中国的贫困县也是以人均年收入低于一定数额的人民币为测度。① 基于

---

① 我国的贫困县标准没有采纳国际标准，但是在逐步调整中有趋同态势。2016 年贫困线约为 3000 元，2015 年为 2800 元。中国目前贫困线以 2011 年 2300 元不变价为基准，此基准可能不定期调整。2011 年确定的贫困线标准，农村（人均纯收入）贫困标准为 2300 元，这比 2010 年的 1274 元贫困标准提高了 81%。按 2011 年提高后的贫困标准（农村居民家庭人均纯收入 2300 元人民币/年），中国还有 8200 万的贫困人口，占农村总人口的 13%，占全国总人口的近 1/10。

阿玛提亚·森的收入、教育、健康三维测度的人文发展指数，[①] 相对于单一测度的国民经济核算体系，显然包含一种进步，但即使这样，货币收入水平仍起着决定性作用，几乎不包含任何自然资产的效用。Sachs 等人（2016）发布的"非官方"可持续发展目标指数，可持续发展得分最高的也是高收入的发达国家，将贫困线的标准提高到 1.90 美元每人每天。[②] 但实际上，人均货币贫困线只是表象，真正的内在贫困是环境贫困、自然资源贫困和生态贫困。如果一个地区没有水，货币能够脱贫吗？一些城市的雾霾严重，手中货币很多，但无法摆脱环境贫困。如果我们能够修复生态，提升自然生产力，"靠山吃山，靠水吃水"，山水资源显然可以创造源源不断的可持续资产。例如，西藏林芝，[③] 山清水秀，云雾缭绕，如仙境一般。但是，这些优质的自然、生态资产不是商品，未进入市场流通，没有上市交易，不具备交换价值，因而，市场价值不存在或为零。然而，这些自然资产，货币是买不到的。自然价值和生态资产只有在国民经济核算体系中得到体现，我们的资产核算才算是客观、科学的，才会被社会广泛认同。

[①]　UNDP, Human Development Report, 2016.

[②]　Sachs 等根据 17 个目标领域的相关数据进行指数化分析，得到一个可持续发展目标的综合的得分指数，100 分为满分。瑞典得分最高，84.5；中非共和国得分最低，26.1。根据他们的测算，中国得分 59.1，在 149 个参加测算排名的国家中位居 76。这一测算结果与 UNDP（2016）的人类发展指数得分和排名大致相当。见 Sachs, J., Schmidt - Traub, G., Kroll, C., Durand - Delacre, D. and Teksoz, K., SDG Index and Dashboards - Global Report, New York：Bertelsmann Stiftung and Sustainable Development Solutions Network（SDSN），2016。

[③]　为外交部和联合国驻华系统 2016 年 5 月 29~30 日落实《2030 年可持续发展议程》国际研讨会的举办地。

四　合作转型

长期以来的可持续发展和国际合作，是发达国家给发展中国家提供资金和技术援助，摆脱贫困、保护环境；而在气候领域的合作，则是发达国家率先垂范，大幅减排，并提供资金、技术，帮助发展中国家适应气候变化，践行低碳发展。这种单向地因循发达国家工业文明老路的合作模式，只是发展中国家步发达国家后尘，亦步亦趋，在可持续发展的动力源泉上产生依赖性，在保护全球气候上，追随传统工业化路径，最终迈向高碳。

《2030 年可持续发展议程》之所以在经济、环境、社会三大支柱之外增加社会公正和谐和提升伙伴关系，就是凸显合作的重要性。贫困人口教育层次低、生存技能差，但人的欲望并不一定降低或消失。贫富悬殊的国家或地区，走向极端的概率会增加，① 社会和谐保障更困难。不仅如此，贫困也是环境污染和生态破环的根源。提升低收入群体的能力水平，也是保护环境的需要。

我们需要意识到，无论是发达国家，还是发展中国家，低碳转型势在必行。② 转型不是被动地、单方面地引导，而是需要协同，需要互动，存在互补，乃至于互为引领。交互的合作转型，会事半功倍。例如，美国虽然有资金和技术，但是，高碳锁定的基础设施和高碳消费的生活方式，使得低碳转型步履艰难。根据联合

---

① 法国在 2016 年数次出现暴力恐怖事件，宗教激进主义固然是主要原因，但穆斯林移民的二代或三代教育水平低、生存技能差、社会融入程度低，处于贫困边缘也是主要原因。

② 潘家华：《应对气候变化的后巴黎进程：仍需转型性突破》，《环境保护》2015 年第 24 期，第 27～32 页。

国人口预测，美国人口仍将快速增长，将从目前的 3.2 亿人口增加
到 21 世纪末的 4.5 亿人口（UN，2015，见表 4-1）。2013 年，美
国人均排放是世界平均的 4 倍，是非洲的 16 倍（IEA，2015，见图
4-1）。也就是说，美国在未来八十多年可能净增加 1.3 亿人口，
碳排放的增量将相当于 20 亿非洲人的碳排放量！从客观上讲，美
国人均二氧化碳排放在 40 年前就已经实现峰值，随后呈下降态势，
尽管有波动，从 20 世纪 70 年代初超过 22 吨的峰值，逐步减少到
2010 年的 16 吨，绝对量的减幅超过 6 吨，相对量的减幅也超过 1/
4。显然，这是工业文明下技术进步的成果。如果不转型，按照这
样一种减排态势和速率，2050 年人均碳排放仍将超过 10 吨，2100
年也不会低于 5 吨。即使是生活方式较为低碳的欧洲，从 20 世纪
70 年代末期的人均 9 吨下降到目前的 6.3 吨，绝对量的减幅不足 3
吨，相对量的减幅低于 1/3。欧洲的人口呈下降态势，不会出现美
国的人口增量带来的大量碳排放需求的增加，但是，减碳速度并
不能满足《巴黎协定》的目标要求。这也是为什么发达国家不能
因循常规地走工业文明范式下的技术进步路径，而必须要实现生
产和生活方式的全面深刻转型，不是减碳，而是要除碳。

　　人均碳排放量处于低排放水平的非洲，20 世纪 70 年代的碳排
放量大约在 0.8 吨二氧化碳，40 年后，人均碳排放量仍然低于 1
吨，绝对增量只有 0.2 吨。但是，非洲人口增长迅速。即使是人均
排放不增加，由于人口数量的增加，排放总量也必然大幅提升。
2015 年的非洲人口比 65 年前增加了 5 倍；按此增长速度，35 年
后，非洲人口将翻番；2100 年，按人口预测的中间数字（Medium
Number），将比 2015 年净增 2.7 倍（见表 4-1），人口总量达到
44 亿！按当前的非洲人均碳排放水平，2100 年的碳排放总量将超

过欧盟；按当前的世界人均碳排放水平，届时的排放总量将超过当前中国、美国、欧盟、印度的总和。考虑到非洲必将启动工业化、城市化进程，从公平和发展的视角来看，非洲的人均碳排放水平会有较大幅度的增加。

表 4-1　世界部分国家和地区人口变化态势（1950~2100 年）

地区	1950 年		2015 年		2050 年		2100 年	
	人口（百万人）	1950/2015	人口（百万人）	2015/2015（倍）	人口（百万人）	2050/2015（倍）	人口（百万人）	2100/2015（倍）
非洲	228.90	0.19	1186.18	1.00	2477.54	2.09	4386.59	3.70
中国	544.11	0.40	1376.05	1.00	1341.97	0.98	1004.39	0.73
印度	376.33	0.29	1311.05	1.00	1710.76	1.30	1659.79	1.27
欧洲	549.09	0.74	738.44	1.00	706.79	0.96	645.58	0.87
南美	113.74	0.27	418.45	1.00	507.22	1.21	464.00	1.11
美国	157.81	0.49	321.77	1.00	388.87	1.21	450.39	1.40
世界	2525.15	0.34	7349.47	1.00	9725.15	1.32	11213.32	1.53

资料来源：United Nations, Department of Economic and Social Affairs, Population Division, 2015; World Population Prospects, The 2015 Revision, DVD Edition. 2015 年为 7 月 1 日数据；2100 年为中等生育率预测数据。

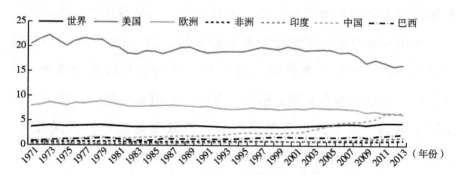

图 4-1　世界部分国家/地区人均二氧化碳排放
（化石能源燃烧，CO$_2$，吨/人·年）

资料来源：IEA, CO$_2$ Emissions from Fossil Fuel Combustion, 2015 edition, Paris. 欧洲数据为 OECD Europe。

处于快速工业化、城市化进程中的印度，如果重复工业化国家的老路，能源消费和碳排放增量将是现在的 5 倍。原因在于：一是生活品质提高带来了能源消费和碳排放的增加，二是人口增长引致的消费和排放增加。当前，印度人口 13 亿，在 21 世纪末，印度人口可能达到 16 亿以上。我们回顾一下中国过去 40 年的历程：20 世纪 70 年代初，中国人均碳排放只有 0.9 吨，是世界人均水平的 1/4。二十年后，人均碳排放翻了一番，达到世界人均水平的一半。2010 年，中国人均排放已经达到欧盟人均水平，超出世界平均水平的 70%。碳排放总量占世界的份额，也从 20 世纪 70 年代初的 5.9% 增加到目前的 27.9% 左右。印度目前人均碳排放量为 1 吨，如果 40 年后，人均碳排放量达到中国目前的 7 吨水平，总量将可能届时比中国、美国和欧盟的总和还要多。

因此，发达国家与发展中国家之间的合作转型，意味着消除贫困不仅是穷人的事情，而且是富人的责任，只有这样，才能实现人与人、人与社会、人与自然的和谐。技术创新、能力建设、公平贸易，是合作共赢。发达国家在消费模式上与发展中国家合作，促进低碳消费；发展中国家在生产模式上与发达国家合作，促进低碳创新，避免低碳锁定。

五　加速转型进程

实际上，全球转型进程已经启动。联合国《2030 年可持续发展议程》就是"一个全球转型议程"。不同于《21 世纪议程》和"千年发展目标"，在这一转型议程中，明确指出了以人为中心、全球环境安全、经济持续繁荣、社会公正和谐和提升伙伴关系的五位一体的总体思想，17 个目标领域和 169 个具体可持续发展目标。如果说《21 世纪议程》强调的是环境与发展并重、"千年发展目标"侧重的是向贫困宣战的话，那么《2030 年可持续发展议程》则是一个涉及社会文明形态的全面转型议程。工业文明是竞争引领，弱肉强食，转型议程则是"大家一起走，一个也不落下"，共享资源、共同担责，保护环境。如果要走得快，体制机制创新至关重要。

目前的低碳发展，重视和强调的是技术创新。技术创新固然很重要，但是，合作转型更需要制度创新。1997 年谈判达成的《京都议定书》是一种自上而下的减排模式，其结果并不理想。《巴黎协定》不同于《京都议定书》，其为一种自下而上的格局，各国做出自主承诺，各尽所能，协同推进，它会成为一个历史性的突破。如果我们考虑合作转型，可以考虑将《巴黎协定》的模式进一步进行制度创新，引申到非国家主体，促进全社会的低碳发展。在国家层面，我们有国家自主贡献，需进行定期盘点和升级强化。如果在城市层面，采用城市自主贡献（Intended City Determined Contributions，ICDCs），企业层面有企业自主贡献（Intended Firm Determined Contributions，IFDCs），甚至在个人层面有个人自主贡献（Intended Personally Determined Contributions，IPDCs），参照《巴黎协定》进行定期盘点、评估进展，找出差距，强化行动。全社会参与，全世界合作，"大家一起走"，而且"走得很快"，《巴黎协定》的目标必然会加速实现。

《巴黎协定》的这一制度创新，对于落实 2030 年可持续发展目标，也有借鉴意义。针对每一项可持续发展目标，各个国家可以根据国情做出自主承诺，明确指标值，拿出时间表，定期审评查看进度。发达国家在资金、技术、能力建设方面的资助承诺，对发展中国家是一种帮助，可以使发展中国家的预期更加明确；发达国家生产方式和消费方式的自主承诺，对发展中国家是一种引领，减少发展中国家步工业化老路所催生的高能耗、高污染、高排放、高消费、高健康风险延滞实现可持续发展目标的进程。不走弯路，也是走得快的必要条件。

中国自 2002 年以来不断深化生态文明建设，取得的成就得到了世界的广泛认可。① 中国的可再生能源发展的速度和规模，在短短十多年里，迅速超越发达国家成为全球第一，这不仅提升了能源供给和保障水平，而且提供了大量就业机会，促进了经济增长；② 不仅可再生能源发电这些商品能源，而且地热、太阳能热水器的利用规模也雄踞世界第一。中国在消费侧的各种政策，鼓励健康低碳消费包括阶梯电价、纯电动汽车补贴、超市禁塑等。中国的循环经济实践具有全球示范意义。更重要的是中国生态文明体制机制改革，③ 树立尊重自然、自然价值、生态资产、山水林田湖生命共同体、空间协同等生态伦理观念，它们已经成为具有普世意义的核心价值观念；创新、协调、绿色、开放、共享等生态文明的理念，已纳入国民经济和社会发展的"十三五"规划并进入实施阶段；④

① 潘家华：《中国的环境治理与生态建设》，中国社会科学出版社，2015。

② IRENA, Renewable Energy and Jobs, Annual Review 2015, International Renewable Energy Agency, Masdar City, Abu Dhabi, 2015.

③ 生态文明体制改革工作以"1+6"方式推进。1 就是《生态文明体制改革总体方案》，6 包括《环境保护督察方案（试行）》《生态环境监测网络建设方案》《关于开展领导干部自然资源资产离任审计的试点方案》《党政领导干部生态环境损害责任追究办法（试行）》《编制自然资源资产负债表试点方案》《生态环境损害赔偿制度改革试点方案》。

④ 《中华人民共和国国民经济和社会发展第十三个五年规划纲要》，2016。

中国的生态文明建设实践，正在推进社会文明形态的转型。

我们将有一个转型的未来，即生态文明的新时代。可持续性、和谐、生态、繁荣、品质生活和与之相应的价值体系和体制机制，是生态文明时代的基本标志。

第五章　可持续发展治理体系的
生态文明转型

可持续发展，事关人类未来，事关人类福祉，需要全世界协同采取行动。但问题是，我们没有一个世界政府，没有绝对行政权威，没有执行手段。联合国作为一个国际交流和协商平台，对于凝聚共识、彰显道义，具有重要意义。从某种角度上讲，《2030年可持续发展议程》和关于气候变化的《巴黎协定》作为一种转型性的治理体系，显示了其价值。各国可持续发展治理的实践，也具有参考意义。中国生态文明的体制机制建设，为全球可持续发展的治理体系构建发挥了转型引领效用。

一　可持续发展制度建设的经验

可持续发展需要制度保障。关于可持续发展的制度建设，国际上积累了大量成功的经验，对推进各国可持续发展的实践和全球进程，有着十分积极的作用。

发达国家并没有系统的可持续发展制度体系，而是在环境和生态领域有相对完善的法制体系。发达国家可持续发展相关法治建设，完善立法是可持续发展治理最主要、最有效的手段。美国关于生态保护的立法相对完善，设立只对法律条文负责的联邦生态保护司法系统，并且规定联邦环保局与地方环保局冲突主要通过法律程序来解决。按照"生态区划主义"实行"双轨制"生态治理分权执法模式，各州设环境质量委员会和被宪法授权的环保执法部门。1970 年成立联邦国家环保局，在全国 50 州设立 10 个大区域环境办公室。同时，还建立生态检察官制度，检查结果可用于将来可能的法律行动。美国生态执法信息公开、透明，环保当局要对外公开环保执法所有行政、民事、刑事行动细节，接受社会公众监督和制约。同美国一样，欧盟保障可持续发展的法制规章也多体现在环境治理和生态保护上，强调环境法治、民主与信息公开，实行公众参与和公民诉讼制度，对成员方具有约束意义，使得欧盟的可持续发展制度建设和治理处在一个相对有效的较高水平。

俄罗斯是生态大国，有生态立法传统，重视生态立法制度创新，生态立法基于可持续发展的伦理原则，包括"人类－生态共同利益中心主义"和"生态保护与经济发展并重"。生态立法创新规定生态保险、生态认证、生态审计、生态鉴定、生态监测、生态监督、生态基金、生态税收、生态警察等制度，实行自然付费、损害环境赔偿制度。执法上，实行国家权力机关、主体权力机关为主的责任体制和"环境保护指导"工作方式。

可持续发展的制度建设，需要走制度化、法治化路径，建立生态保护、监测机构，以法律制度调节人与自然的和谐关系，采取政府、市场与社会力量"多中心"共同治理。经历"八大公害"[①] 痛

---

① 世界八大公害事件，皆源自环境污染，包括①比利时马斯伊谷工业化烟雾事件（1930 年 12 月）；②美国宾州多诺拉大气污染事件（1948 年 10 月）；③伦敦烟雾事件（1952 年 12 月）；④日本四日市哮喘事件（1961 年）；⑤日本米糠油事件（1968 年 3 月）；⑥日本水俣病事件（1956 年）⑦洛杉矶光化学烟雾事件；⑧美国多诺拉事件（1955～1973 年）；⑨日本骨痛病事件（1955～1972 年）。

苦实践和生态运动的影响，在可持续发展生态伦理观、地球生物圈中心主义及生态现代化理论指引下，各国逐步放弃传统人类中心主义立法价值取向，强化整体性保护意识，引入"经济－社会－自然"协调可持续发展思想，强调代内和代际公平正义等价值理念，努力实现"人与自然之间的协调"和"人与人之间的和谐"，各国生态文明立法呈趋同化现象。但是，发达国家的环境保护与生态建设的法制规范体系，凸显工业文明色彩的技术万能、资本逐利及"生态帝国主义""生态殖民主义"污染转嫁因素，并未从根本上触动资本主义社会制度的生态改良主义法律，不可能根治生态危机。

可持续发展的制度体系的构建和运行，需要经济可行、互利共赢。生态服务涉及各方利益，合作共赢是可持续发展目标顺利推进的动力源泉。日本的生态补偿制度在水资源保护方面取得了良好的成效。早在1972年的《琵琶湖综合开发特别措施法》中就规定了水源区综合利益补偿机制，为把其变为普通制度固定下来，还制定了《水源地区对策特别措施法》。该法规定国家依法提高经费的比重以保障土地改良、治山治水、上下水道等公共工程的实施，为水库周边地区居民进行利益补偿提供了法律依据。日本制定的《河川法》、《工业用水法》、《水道法》和《湖泊水质保全特别措施法》等都对水资源生态效益补偿做了相关规定，形成了一套完整的水资源生态效益补偿制度。

德国作为市场经济国家，生态服务的价值通过政府激励的方式来实现。德国生态补偿资金的支出主要靠横向转移支付，即由富裕地区直接向贫困地区转移支付，也就是通过转移支付改变地区间既得利益格局，实现地区间公共服务水平的均衡。这一财政转移支付制度主要通过两种方式实现：一是税收联合制度，通过国家税收按人口分配，使各州政府财力的均衡程度提高到 92% 以上；二是平衡转移支付制度，即按照统一的公式计算出平均财政能力，通过富裕州向贫困州的横向转移，使各州获得财力的平均值保持在 98% ~ 110%。德国各州之间横向转移支付制度作为一种特殊的生态补偿手段为处理不同地区间横向转移支付及研究相关配套技术提供了参照。为保障该制度的实施，德国还以法律的形式将其固定下来，并设计了一整套复杂的计算依据和数额确定标准。

1992 年，欧盟开始了农业政策的麦克萨里改革，旨在鼓励农民对土地实行休耕制，以降低农业生产对环境的损害，建立以"农业环境行动"为名的综合性国家补贴项目，取代以前的补贴制度。总体方向是减弱农产品市场支持政策，政策目标发生了变化，开始限制产量、限制牲畜头数，为弥补农民因此而造成的损失，引入了直接补贴政策，其特点是按固定的面积和产量进行补贴。欧盟实施的休耕计划，有效地降低了农业生产对环境的危害，保护了乡村的自然环境。

美国政府为了推动生态城市的建设，在可持续计划中制定了一系列政策，包括鼓励在新的城市建设和修复中进行生态化设计，强化循环经济项目和资源再生回收、规划自行车路线和设施等 14 条政策措施。美国在生态补偿上主要由政府承担大部分资金投入，政府为加大流域上游地区农民对水土保持工作的积极性，采取了水土保持补偿机制，即由流域下游水土保持受益区的政府和居民对上游地区做出环境贡献的居民进行货币补偿。在生态林养护方面，美国采取由联邦政府和州政府进行预算投入，即选择"由政府购买生态效益、提供补偿资金"等方式来改善生态环境；在土地合理运用方面，政府购买生态敏感土地以建立自然保护区，同时对保护地以外并能提供重要生态环境服务的农业用地实施"土地休耕计划"（Conservation Reserve Program）等政府投资生态建设项目，美国的耕地休耕制度与鼓励粮食出口制度，都是美国耕地（粮食）过剩的解决办法，是在耕地过剩的基础上产生的办法，有利于美国农业健康发展。

基于"生态系统服务付费"的合作共赢模式在发达国家有着比较成熟的经验，主要三种方式：一是政府购买，即政府代表全体人民作为购买方，向生态系统服务的提供者购买生态服务；二是市场补偿，即在生态服务受益方与提供方之间直接进行生态服务的交易；三是生态产品认证计划，即有关组织为生态产品提供认证，消费者通过市场自主选择、自由购买，从而为生态系统服务间接付费的一种方式。从交易的主体来看，既可以在国家与国家之间进行，也可以在一国内部政府与生态服务提供者之间进行，还可以在地区与地区、上游与下游之间进行。例如，德国易北河流域生态补偿，涉及跨越国界的制度安排。易北河是欧洲一条著名的河流，上游在捷克，中下游在德国。20世纪80年代，由于两国的发展阶段不一，易北河污染严重，对德国造成严重影响。从1990年起，德国和捷克达成协议，共同采取措施整治易北河。运作中成立了由8个小组组成的双边合作机制，包括行动计划组、监测小组、研究小组、沿海保护小组、灾害组、水文小组、公众小组和法律政策小组，分别负责相关工作。德国出资900万马克给捷克用于双方交界处的污水处理厂，同时对捷克进行适度补偿，加上研究经费与运作经费，整个项目的经费达到2000万马克（2000年）。经过双方共同努力，易北河水质得到根本性改善。

另一个例子是英国北约克摩尔斯农业计划的自愿协议。北约克摩尔斯是英国的一个国家公园，建立于 20 世纪 50 年代，以典型的英格兰农村风光而为英国人倍加珍惜。为了长久保护农业风光与生态，1985 年英国通过了北约克摩尔斯农业计划，并于 1990 年开始实施。该案例值得重视的特点包括：一是该区域内 83% 的土地属于私有，因此进行生态补偿时相当于英国政府向私有土地主购买生态服务；二是生态服务的定义明确具体，即增强自然景观和野生动植物价值，其中包括保留英国北部传统的农业耕作方式；三是具有自愿性，即农场主和国家公园主管机构按照自愿参与原则达成协议；四是协议条款具体明确，如农场主必须花至少 50% 的时间在农场工作、必须采用传统的农业耕作方式等。从实施的情况看，这一计划共达成了 108 份协议，90% 的私有农场主纳入其中；经费从最初的 5 万英镑增加到 2001 年的 50 万英镑；成功地保留了英国传统农业的独特景观。

一些发展中国家也有着可持续发展制度建设的良好经验。哥斯达黎加设立国家基金，补偿森林生态效益。地处美洲的哥斯达黎加，是世界上生态多样性最富有的地区之一。为了保护生态，哥斯达黎加从 1979 年起开始实施森林生态效益补偿制度，该制度中最有借鉴意义的是设立国家森林基金，该基金根据《森林法》（1996 年）建立，专门负责管理和实施森林生态效益补偿制度。基金主要来源于以下几个方面：国家投入，包括化石燃料税收入、森林产业税收入和信托基金项目收入；与私有企业签订协议收取的资金；来自世界银行等国际组织的贷款和赠款以及特定的债券和票据等。在操作程序上，先由林地的所有者向基金提交申请，请求将自己的林地加入到该制度之中；基金受理；双方签订合同

（共四类：森林保护合同、造林合同、森林管理合同、自筹资金植树合同）；基金按约定支付环境服务费用，林地的所有者按约定履行造林、森林保护、森林管理等义务。这项生态补偿制度历时近20年，取得了极大的成功，在短短十几年时间里，哥斯达黎加的森林覆盖率提高了26%。

　　澳大利亚为了应对新北威尔士地区土地盐渍化的问题，引入了"下游灌溉者为流域上游造林付费"的生态补偿计划。这项计划的参与双方——一方为新南威尔士的林业部门，另一方为马奎瑞河食品和纤维协会。前者是生态服务的提供方，职责是植树造林，固定土壤中的盐分；后者是生态服务的需求方，由马奎瑞河下游水域的600名灌溉农民组成。双方签订协议，由马奎瑞河食品和纤维协会向新南威尔士林业部门支付费用以用于其上游植树造林。付费的标准是：协会根据在流域上游建设100公顷森林的蒸腾水量，向州林务局购买盐分信贷，价格为每公顷42美元（后有调整），期限为10年。这个案例说明，只要精心设计，某些看不见、摸不着的生态服务的数量和价值是可以按一定方法进行测量的，这就将生态服务交易向前大大推进了一步。

　　法国毕雷矿泉水公司为保持水质付费，直接购买生态产品。毕雷矿泉水公司是法国最大的天然矿物质水制造商。20世纪80年代，该公司的水源地受到当地养牛业的污染。为了减少硝酸盐、硝酸钾和杀虫剂的使用，恢复水的天然净化功能，该公司与当地农民签订协议，向流域腹地40平方米的奶牛场提供补偿，标准为每年每公顷230美元，条件是农民必须控制奶牛场的规模，减少杀虫剂的使用，放弃谷物的种植以及改进对牲畜粪便的处理方法等。为此，毕雷矿泉水公司向农民支付特别高数额和特别长时间（18

年至 30 年）的补偿，同时提供技术支持和承担购进新的农业设备的相关费用，仅在最初的 7 年，该公司为这项计划投入了 2450 万美元的费用。

欧洲生态产品认证计划体现了生态产品的市场实现。欧盟于1992 年实行了生态标签制度，获得生态标签的产品，需保证从设计、生产到销售、处理的每一个环节做到生态环境的完全无公害，符合欧盟的环保标准。由于绿色产品比普通产品价格高出 20% ~ 30%，也就达到了由消费者付费的目的，这是一种全市场化的生态服务付费机制。

可以看出，由于生态服务的特殊性，实践中需要针对不同情况进行有针对性的精细机制设计，以解决生态服务的计量、监测与交易等若干复杂问题。环境保护和生态建设多具有跨区域、跨流域的特点，需要区域协作，互利才能共赢，要求严格执行各类环境法规，即用于交易的生态服务首先必须达到法律规定的最低标准，否则就会形成越污染、议价能力越高的逆向机制。针对特定问题建立双边或多边的协作小组，即双方共同参与、共同讨论、相互监督、共同推进，这是生态服务交易与普通交易迥异的方面。精细化有关生态服务价值的计量、监测与评估机制，即针对每种特定生态服务的特点与性质，探寻出双方认同的计量方法、标准等，以此作为计价的基础，这是一个极富技术性的工作，必须引入环境专家才能进行。鉴于生态服务的长期性和独特性，交易双方都应增强诚信与契约精神，保证协议的长期履行。

二 可持续发展治理体系的生态文明转型

在工业文明的伦理框架下，可以诞生可持续发展的概念，因为

工业文明的社会发展方式对人类未来造成极大风险，但是，工业文明的治理方式与可持续发展的手段和目标存在冲突，难以有效推进可持续发展目标的实现。这就表明，可持续发展的治理体系的构建，必须要摈弃工业文明的发展理念，基于生态文明的伦理基石。

生态文明是相对工业文明提出来的。和谐作为一种发展理念，从狭义上说，是指人和自然关系上的一种道德伦理与行为准则，它把人本身作为自然界的一员，在观念上，人要尊重自然，公平对待自然；在行为上，人的一切活动要充分尊重自然规律，寻求人和自然的和谐发展。而从广义上看，生态文明既包括尊重自然、与自然同存共荣的价值观，也包括在这种价值观指导下形成的生产方式、经济基础和上层建筑，是一种"人与自然和谐共进、生产力高度发达、人文全面发展、社会持续繁荣"的一切物质和精神成果的总和。但是，生态文明不是简单地对工业文明进行否定或者替代，而是利用生态文明的理念和原则对工业文明进行整体改造和提升，形成一种新的社会文明形态，具有普适性和普世意义，不仅发达国家，而且发展中国家也需要文明转型，实现人与自然的和谐和可持续发展。

中国将可持续发展的治理体系构建纳入生态文明建设，也经历着一个从单一部门到全面、从一般认知到制度构建的过程。进入 21 世纪，中国工业化、城市化进程加速，资源消耗量快速增加，污染排放量迅猛提升，生态环境加速退化，工业文明老路的灾难性影响不断凸显，按工业文明的思路难以有效全面转型发展。2003年，"生态文明"作为一种发展导向正式纳入官方决定，① 提出

---

① 见《中央中共国务院关于加快林业发展的决定》，2003 年 6 月 25 日。

"建设山川秀美的生态文明社会"。2007 年，决定国家执政理念的党的十七大报告要求，建设生态文明，基本形成节约能源资源和保护生态环境的产业结构、增长方式、消费模式。生态文明观念在全社会牢固树立，生态文明成为国家发展的基本理念。2012 年，胡锦涛进一步明确了生态文明治理的基本内涵，指出推进生态文明建设，是涉及生产方式和生活方式根本性变革的战略任务，必须把生态文明建设的理念、原则、目标等深刻融入和全面贯穿到我国经济、政治、文化、社会建设的各方面和全过程，坚持节约资源和保护环境的基本国策，着力推进绿色发展、循环发展、低碳发展，为人民创造良好的生产生活环境。① 在同年举行的党的十八大上，生态文明被提升至国家策略，列为建设中国特色社会主义的"五位一体"的总布局，成为全面建成小康社会任务的重要组成部分，强调建设生态文明，是关系人民福祉、关乎民族未来的长远大计。面对资源约束趋紧、环境污染严重、生态系统退化的严峻形势，必须树立尊重自然、顺应自然、保护自然的生态文明理念，把生态文明建设放在突出地位，融入经济建设、政治建设、文化建设、社会建设各方面和全过程，努力建设美丽中国，实现中华民族永续发展。党的十八大对推进生态文明建设做出的全面战略部署，既包含对以往社会经济发展方式的反思，也预示着开启面向新的经济增长方式和社会文明形态的新一轮探索，标志着中国现代化进入了生态文明转型的新阶段。

推进生态文明转型，必须全面系统开展体制机制建设，构建

---

① 2012 年 7 月 23 日，胡锦涛同志在中央党校省部级主要领导干部专题研讨会开班式上的讲话。

生态文明的治理体系，保障可持续发展落到实处。2013 年，党的十八届三中全会审议通过的《中共中央关于全面深化改革若干重大问题的决定》，要求加快生态文明制度建设。2015 年，中国生态文明治理体系的"四梁八柱"已经整体到位。

生态文明体制改革不仅具有相对的独立性，而且具有全局性。从相对独立性的视角看，生态文明体制改革包括健全自然资源资产产权制度和用途管制制度，划定生态保护红线，实行资源有偿使用制度和生态补偿制度，改革生态环境保护管理体制。但是，各个生态文明制度要素的改革，不仅具有内在关联性，而且与经济、社会和文化体制改革的各项任务相互关联，具有整体性和全局性。从全局性视角看，生态文明建设需要融入经济建设、政治建设、文化建设、社会建设各方面和全过程；需要建立健全符合生态文明要求的市场机制、法律体系、治理构架、考核评估和责任追究制度。只有这样，才能从根本上解决我国发展中不平衡、不协调、不可持续的问题，推动全社会向生态文明整体转型。

中国生态文明建设试点工作在 2008 年 5 月启动，截至 2013 年10 月环境保护部共开展了六批全国生态文明建设试点工作。2013年 12 月，国家发展改革委、财政部等 6 部委组织开展了国家生态文明先行示范区建设活动。这些试点示范工作，对创新生态文明体制机制，因地制宜探索生态文明建设模式，有效开展生态文明建设，具有重要意义。

生态文明治理体系建设是中国推进可持续发展的重大制度性基础设施，有着十分重要的地位，主要体现在：①全局性。生态文明是全方位概念，无限定边界，需要"融入经济建设、政治建设、文化建设、社会建设各方面和全过程"，方能发挥效力与实现价值目标，因此生态文明制度建设是全社会总体建设目标，涉及每一个领域，具有显著的关联性。②战略性。从国内外发展实践分析，资源环境承载能力、自然生态条件是制约发展的重要因素，任何国家和地区在发展过程中不可能无视资源环境约束，因此生态文明制度建设是经济社会发展到一定阶段的必然选择，也是促进民族永续发展，建设美丽中国的必由之路。③约束性。生态文明制度建设的重要性和必要性在于发展空间是有边界的，发展需要考虑资源环境生态的刚性约束。健全自然资源资产产权制度和用途管制制度，划定生态保护红线的目的在于保障国家生态安全，促进经济社会可持续发展，是实现生态功能提升、环境质量改善、资源永续利用的根本保障。

三 生态文明治理体系构建

中国生态文明建设的成功推进，最有效最根本的是通过生态文明体制改革而构建的全面实施可持续发展目标的治理体系。继中共中央、国务院印发《关于加快推进生态文明建设的意见》之后，2015 年 9 月，中共中央政治局会议审议通过了《生态文明体制改革总体方案》（下称《总体方案》）和《环境保护督察方案（试行）》、《生态环境监测网络建设方案》、《关于开展领导干部自然资源资产离任审计的试点方案》、《党政领导干部生态环境损害责任追究办法（试行）》、《编制自然资源资产负债表试点方案》和《生态环境损害赔偿制度改革试点方案》等 6 个配套方案组成，即所谓"1 + 6 组合拳"。《总体方案》的主要内容可以概括为"6 + 6 + 8"，即 6 大理念、6 个原则和 8 个制度。其中，6 大理念、6 个原则是用思想的高度和理念的深度来引领整个生态文明体制改革，8 个制度则作为生态文明体制方面的"四梁八柱"，构成生态文明改革的体制框架。"1＋6"的生态文明改革方案是针对我国经济社会可持续发展的需要，对生态文明领域改革的一次全面部署和顶层设计，旨在通过系统性的体制机制改革创新，推进生态文明领域国家治理体系和治理能力现代化，走向社会主义生态文明新时代。

党的十八届三中全会以来，中国在生态文明改革上迈出了坚实的步伐，无论是在法律法规建设方面，还是在体制机制改革方面，都做出了扎实有效的工作，其力度是前所未有的。本着系统、科学、可操作的原则，按照问题导向，绩效导向的要求，一批目标明确、可操作性强的政策措施集中出台，生态文明制度框架已完成顶层设计，以 8 项制度为核心的制度体系初见雏形，正在对相关改革形成引领和倒逼，绿色循环低碳产业体系正在建立，生态环境领域中人民群众关心的一些重大问题得到初步解决，维护人民身体健康的空气、水土污染问题得到逐步控制、缓解和改善，生态环境恶化的势头被遏制，人民群众福祉持续提升、获得感不断增强。具体来说，体现在以下六大方面。

（一）坚持问题导向，改革方向明确

由经济体制和生态文明体制改革专项小组联合推出的生态文明改变方案，较好地贯彻了习近平同志系列讲话精神，忠实地执行了党的十八届三中、四中、五中全会的决议。以"加快生态文明制度建设"、"改革必须于法有据，必须按照规则办事"、"坚持绿色发展，加强生态文明建设"为工作重点，坚持问题导向，认真梳理整体框架以及各项具体改革任务的关键点和重点，建立健全法律法规，创新制度和工作机制，各项成果普遍贯彻了绿色发展理念。自然资源资产的产权制度、空间规划体系、环境治理和生态修复市场体系改革填补制度空白。习近平在第二次深改小组会议上明确指出"凡属重大改革都要依法有据",加快生态文明的立法工作,在填补已有的法律空白的同时,对已有法律法规中不适应当前发展需要和矛盾冲突重复的条款进行修订,法律法规配套及时。十八届三中全会以来,已完成相关立法与修订,出台配套行政法规,使各项改革有法可依,威慑力和可行性增强,特别是新环境法的颁布实施,为生态环境保护提供了强大的法律武器,并同时加强了执法的力度。

（二）整体框架已经建立,路线图和时间表明确,正在向达成总目标迈进

中共中央国务院 2015 年 4 月 25 日出台了《关于加快推进生态文明建设的意见》作为顶层设计,以"1 + 6"改革组合为核心的《总体方案》具体描绘了生态文明体制改革主体框架的形态,以 8 项制度为核心的生态文明制度体系设计勾画清晰,目标明确。改革遵循《总体方案》理念先行、顶层设计、填补空白、整合统一的设计思路,作为"四梁八柱"的 8 项制度已初步建立起来,既是阶段性目标的达成,也为后续改革奠定了基础,产权清晰、多元参与、激励约束并重、系统完整的生态文明制度体系已见雏形,对推进生态文明领域国家治理体系和治理能力现代化发挥出巨大作用。《总体方案》中所列的 47 项具体改革任务,相关部委正在积极推动落实,各项任务路线图和时间表已定。其中,由环保部单独或领衔牵头的 13 项任务,2015 年已完成计划的 5 项,2016 年需要落实的 6 项任务目前已出台相关规定,督察和试点也得到加强。

（三）主体责任逐级落实，责任链条明确

从中央部委到省市乃至县一级，各项改革任务逐级确定，各级职能部门工作边界较为清晰，专项小组对出现的新情况新问题以及来自地方上的有益的改革尝试及时上报中央，多个部委牵头的改革任务执行中保持协调，凝聚了改革的力量，保证了各项任务的协调推进。省市县均按照党中央国务院出台的各项改革意见积极抓落实，结合当地实际制定实施细则，并密集进行调研和督查，以确保各项改革举措真正落到实处。

（四）系统性和集成性好，政府运转及职能部门履责效能提高

生态文明改革总体方案中有十个方面属于整合统一的改革，多数涉及政府职责，加强环保督政、监测监管事权上收、环境审计和责任追究等制度改革，推动各方履职尽责，特别强调了自然资源资产所有者职责的统一，用途管制职责的统一，环境保护职责的统一，提高了政府运转及职能部门履责效能。

（五）协同发力，增强体制机制改革全盘活力

生态文明体制改革坚持问题导向，对准瓶颈和短板，精准对焦、协同发力，初步形成相互协调、相互支撑的良好局面。党的十八届三中全会以来，仅中央层面就出台了若干有关改革意见和实施方案，群众密切关注且反映强烈的生态环境问题普遍得到及时回应，应急能力显著提高，为山青水绿天蓝提供了有力保障。而且，随着改革的深化，生态文明建设与体制机制改革的全盘活力明显增强，对经济、社会、文化与政治体制改革形成良好的支撑。

全国上下积极行动，已取得了丰硕的阶段性成果，通过考核方式的改革对供给侧结构性改革、政府职能改革等形成倒逼，并直接推动了经济体制改革和金融改革。

（六）重视试点示范，以点带面探索路径和积累经验

重视试点示范，推进国土空间开发保护制度、空间规划编制、生态产品市场化改革、建立多元化的生态保护补偿机制、健全环境治理体系、建立健全自然资源资产产权制度、开展绿色发展绩效评价考核等重大改革任务，福建、贵州等省开展生态文明体制改革综合试验，探索在增强创新能力、推动发展平衡、改善生态环境、提高开放水平、促进共享发展上取得新突破，创新机制体制，积累经验，为其他地区探索改革的路子。

四 生态文明治理的制度体系

可持续发展的治理转型，需要制度体系全面构建。中国的生态文明建设，已经建立起来 8 项最为基本的制度，从根本上确保可持续发展目标的顺利推进。

自然资源资产产权制度。工业文明范式下的产权制度是私有制，对于私人产权明确的自然资产，具有较好的权利与责任的统一。但是，对于不能明确界定产权的自然资产，包括大气空间、水流、生物多样性、海洋等，由于其具有公共属性，难以界定产权边界，因而就有外部性问题、公地悲剧问题。例如候鸟，在不同的季节迁徙，途经许多具有明确私人产权的地方，但这些地方没有候鸟的所有权，使得候鸟的保护难以落到实处。生态文明范式下的自然资源产权，涵盖公共资产，而且非常明确，这些公共资产产

权由政府行使，从而保障自然资源资产的保护、保值和增值得以实现，生态服务功能得以发挥。2016 年，中国已经发布自然资源资产产权制度的顶层设计，制定自然资源统一确权登记办法。国家林业局、水利部在针对湿地、水流产权确权进行调研，争取尽快在法律上明确国有自然资源产权的主体代表。

国土空间开发保护制度。国土空间开发的保护，也需要相关法律制度。不同类别和功能的国土空间，需要有明确的边界管控，得到各个部门的认同并执行。"生态红线"的划定是边界管控的最有效措施，中国政府明确了红线确认和划定方法，[①] 构建生态红线管控平台；明确了红线管控的总体要求、基本原则、管控内涵、指标设置、管控制度和组织实施，[②] 选定北京等 9 省市开展国家公园体制试点，并制定省级空间规划试点方案。实施空间管控，已经建立并在逐步完善国土资源环境承载力评价和监测预警基础数据和技术储备、评价与预警的指标体系和方法。

空间规划体系。可持续发展的载体是国土空间。碎片化的相互矛盾的规划，与《2030 年可持续发展议程》的五位一体和目标的实现，是不相容的。工业文明范式下的经济利益导向的规划，不考虑人的发展的需要，忽略环境承载能力，是实现可持续发展的最大障碍。中国的生态文明建设明确"多规合一"的空间规划制度，对土地利用、城市建设、产业布局、污染控制、生态保护等

①　2014 年，国家发展改革委环境保护部发出《关于做好国家主体功能区建设试点示范工作的通知》；环境保护部于 2015 年 5 月 8 日，印发了《生态保护红线划定技术指南》（环发〔2015〕56 号）。

②　2016 年，国家发展和改革委员会等 9 部门印发《关于加强资源环境生态红线管控的指导意见》（发改环资〔2016〕1162 号）。

多项内容进行一体化规划。

资源总量管理和全面节约制度。中国已在法律层面明确资源总量管理和全面节约，如与粮食安全关系最为密切的耕地，在法律上明确规定耕地红线为 18 亿亩，并以划定基本农田保护区的形式，对满足红线保护的耕地保护做了制度规定，得到执行和落实。89 个重点城市已完成周边永久基本农田划定。不仅如此，国土资源管理部门对一些城市永久基本农田划定进行专项督察。能源消费的总量和强度控制机制在国民经济发展规划中以量化形式出现。水资源利用总量、分配、效率，以流域、城市、行业等为核算单位进行管控。全国 18 亿亩天然林全部进入保护范围，并分步停止天然林商业性采伐。① 建立了"基本草原"、湿地保护、沙化土地封禁保护、海域和海岛管理、海洋环境保护等转向资源利用与保护的制度，促进资源利用水平总体提高。

资源有偿使用和生态补偿制度。资源有偿使用和生态补偿制度涉及多种类别。尽管矿产资源有偿使用制度有待完善，但生态保护的补偿制度框架已经明确，② 自然资源和生态服务不能免费使用的市场信号十分明确。

环境治理体系。环境治理体系以污染控制和净化为重点，针对大气污染、水污染和土壤污染，已经制定了明确的管控措施。③ 信息公开、生态环境损害赔偿显然也纳入环境治理的制度规范内容。环境保护部《建设项目环境影响评价信息公开机制方案》提

---

① 《国家林业局关于严格保护天然林的通知》（林资发〔2015〕181 号）。

② 2016 年 5 月 13 日国务院办公厅发布《国务院办公厅关于健全生态保护补偿机制的意见》（国办发〔2016〕31 号）。

③ "大气十条""水十条"相继实施，"土十条"已正式颁布执行。

出，到 2016 年底，建立全过程、全覆盖的建设项目环评信息公开机制。中共中央办公厅、国务院办公厅 2015 年印发《生态环境损害赔偿制度改革试点方案》，对生态环境损害赔偿制度改革明确做出了全面规划和部署。

环境治理和生态保护市场体系。"十三五"时期，国家将推广绿色信贷，支持设立各类绿色发展基金，通过推进 PPP、政府购买服务、第三方治理等，鼓励各类投资进入环保市场，建立健全排污权初始分配制度和交易市场。通过建立推动绿色发展的内生机制，形成政府、企业、公众共治的环境治理体系。目前全国已有 7 家碳排放权交易所，全国碳排放权交易市场计划于 2017 年启动运行，实施碳排放权交易制度。① 合同能源管理相关法律和制度已经实施并在实践中健全和完善。排污权有偿使用、水权交易制度的基础工作，包括使用权确权登记、交易流转和使用权制度建设，已经展开试点，市场在配置环境与自然资源中将起到决定性作用。

生态文明绩效评价考核和责任追究制度。生态文明绩效评价考核和责任追究制度方面，2016 年 1 月 28 日环境保护部正式印发《国家生态文明建设示范县、市指标（试行）》，生态文明目标体系初步建立。中共中央办公厅、国务院办公厅联合印发的《党政领导干部生态环境损害责任追究办法（试行）》明确规定实施生态环境损害终身责任追究制，并首次明确了 25 种党政领导干部生态损害追责情形。国务院审定同意《关于建立资源环境承载能力监测

---

① 2016 年 1 月 11 日，国家发改委发布了《关于切实做好全国碳排放权交易市场启动重点工作的通知》。

预警机制的总体构想和工作方案》。国务院办公厅 2015 年 11 月下发《关于印发编制自然资源资产负债表试点方案的通知》，在内蒙古自治区呼伦贝尔市、浙江省湖州市等 5 个城市试点，2018 年底前编制出自然资源资产负债表。2015 年 11 月中共中央办公厅、国务院办公厅印发《开展领导干部自然资源资产离任审计试点方案》，标志着对领导干部实行自然资源资产离任审计试点工作正式启动。2015 年 7 月 1 日，中央全面深化改革领导小组 14 次会议审议通过了《环境保护督察方案（试行）》。2016 年 7 月，中央环保督察组分别进驻内蒙古、黑龙江、江苏、江西、河南、广西、云南、宁夏等 8 省份，开展为期一个月左右的环保督察，这一创新性的制度正式落地实施。

五 生态文明治理体系的要素与关联性

按照可持续发展经济学的理论，自然资源和生态环境凝结了与人类劳动生产的商品具有可比性的价值。资源有偿使用，就是要求人类的生活和生产活动应以促进自然资源的永续利用为前提，不能对生态环境的肆意破坏、索取，要以生态友好方式利用资源，善待环境，并对所享受的资源根据其价值和稀缺程度付出必需的代价或费用。

资源有偿使用制度，是指国家采取强制手段，对开发利用自然资源的单位和个人的行为进行规范，支付相应费用的一整套管理措施。资源有偿使用制度建设，是依据公共物品理论和外部不经济性内部化理论，以环境资源的有限性、有用性和价值性为基础，按照可持续发展的原则，正确地处理自然资源与资源产品，可再生资源与不可再生资源、土地、水域、森林、矿产等各种不同资源价格的比价关系，建立起能真实反映资源稀缺程度、市场供求关系、环境损害成本的价格机制，构建合理的自然资源价格的比价关系。

"生态补偿"是作为一种环境问题的政策工具集出现的概念，是实现资源有偿使用并能有效解决环境外部性问题的重要经济手段。生态补偿依据环境资源价值理论，对损害生态环境的行为或产品进行收费，对保护生态环境的行为或产品进行补偿或奖励，对因生态环境破坏和环境保护而受到损害的人群进行补偿，激励市场主体自觉保护环境，促进环境与经济协调发展。

生态补偿制度是指为了维护生态系统稳定性，防止生态环境破坏，通过一定的政策措施，以经济调节为主，综合运用政府、法律和市场手段，对生态环境产生或可能产生影响的生产、经营、开发活动进行规范，实行生态保护外部性的内部化，让生态保护成果的受益者支付相应的费用，实现对生态环境保护投资者的合理回报和增强生态产品的生产和供给能力，激励人们从事生态环境保护投资并使生态环境资本增值，逐渐实现生态环境保护行为的自觉自愿和利益诉求。

生态文明治理体系涉及的要素包括：健全自然资源资产产权制度和用途管制制度、划定生态保护红线、实行资源有偿使用制度和生态补偿制度，改革生态环境保护管理体制。这些要素相对独立，但彼此关联，是一个有机整体。

自然资源资产产权制度和用途管制制度是生态文明体制改革的法律基础，生态保护红线是政府在生态文明体制改革中的职责与作用，资源有偿使用制度和生态补偿制度是市场在自然资源配置中起决定性作用的体制机制保障，是推动地区间科学规划、实现生产力合理布局的政策依据，生态环境保护管理体制是生态文明体制改革需要建立的治理体系和提升的治理能力。促进生态文明体制改革的要素及关联关系见图 5 - 1。

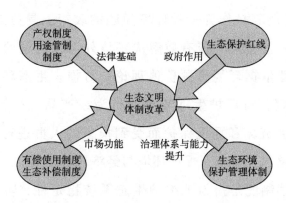

图 5 - 1　促进生态文明体制改革的要素及关联关系

生态文明治理体系的各要素与经济、社会和文化等内容有着十分密切的关联。经济体制改革要求"加快完善现代市场体系、宏观调控体系、开放型经济体系，加快转变经济发展方式，加快建设创新型国家，推动经济更有效率、更加公平、更可持续发展"。生态文明建设要求"实行资源有偿使用制度"，也就是通过市场对资源的有序配置，提高资源的利用效率，改变传统的资源利用与消费方式，以资源的永续利用保障经济社会的可持续发展。生态文明强调的"健全自然资源资产产权制度和用途管制制度"，与经济制度中的"完善产权保护制度"，"健全归属清晰、权责明确、保护严格、流转顺畅的现代产权制度"相互呼应、互为一体。经济制度包括要求"完善税收制度"，"调整消费税征收范围、环节、税率，把高耗能、高污染产品及部分高档消费品纳入征收范围"，"加快资源税改革，推动环境保护费改税"，这就在金融税收方面为实行生态补偿提供了现实基础和有力的保障。

生态文明建设与文化制度在发展生态文化方面互为补充。文化体制要求"建设社会主义文化强国，增强国家文化软实力，必须坚持社会主义先进文化前进的方向"。生态文化是以和谐协调为本质特征的自然－人－社会复合生态系统的文化形态，是先进文化的重要内容，并且生态文化具有整体性、多样性、群众性、非宗教性和开放性等特征，发展生态文化有利于在全社会形成良好的生态文明意识。生态文明体制改革要求"用制度来保护生态环境"，良好的生态文明意识有利于提升制度执行力。

生态文明制度体系与社会发展内容密切相连。生态文明是一种全新的社会文明形态，党的十八大号召全党全国人民努力走向社会主义生态文明新时代。所以生态文明与社会体制改革也是密切相连，社会体制改革要求的改进社会治理方式、激发社会组织活力、创新有效预防和化解社会矛盾体制、健全公共安全体系等，都必须在生态文明建设中加以践行，而生态文明建设的深化又会有力促进社会体制的改革。

六　改进生态文明治理体系

生态文明的治理体系涉及各部门、各地区、企业和社会、个人，需要形成纵向的工作机制和横向的跨部门协调机制，协调环境保护、水利、国土资源、林业、气象等部门关于生态文明建设的职能。并在此基础上明确机构组织结构和职责，梳理各部门涉及生态文明建设的职能，包括生态文明建设的规划、统筹、项目审批和考核监督等。建立相关的科学决策和责任制度，包括综合评价、目标体系、考核办法、奖惩机制、空间规划、管理体制等，加快职能转变，深化简政放权，提高服务水平，创新行政管理方式，提高政府治理能力。

建立和完善生态管理的法制化和制度化，以法律和制度保障生态文明建设的管理和运行。严格执行自然资源资产确权制度，加强自然资源资产用途管理，按照生态产品有偿使用的原则，通过生态补偿和赔偿的方式，使其外部效应内部化。同时，制定生态产品使用权交易制度，充分发挥市场化机制的作用。生态文明的治理体系表现为多元善治，不仅要依靠政府，而且要依靠企业、个人、NGO 和学界精英等多方力量的共同努力，协调发展涉及的各方面力量。在某些阶段，政府可以起"主导作用"，但应该重点在制定规则和标准上，并充分听取各界意见，而不能包办一切。企业也要履行社会责任，比如污水达标排放等。个人更需积极参与，从而形成全社会参与生态文明建设的良好氛围。在建设生态文明村、生态示范区、生态示范镇时，政府行为一定要符合生态文明和可持续发展的理念，发挥市场多元善治的作用。

现有的生态文明相关制度存在较为严重的碎片化。需要不断弱化直至消除这种情况，使生态文明融入经济、政治、社会和文化建设的各方面和全过程；但是，这并不意味着各种生态文明建设的要素彼此分割，互不关联。

要防止生态文明体制改革的碎片化，需要从利益导向到法治规范监管的改革。对于生态文明建设绩效的监管，需要从过程监管到质量监管的改革。加强监管，建立内化的自律和责任追究制度。一是建立并认真落实各级政府、职能部门和企业节能减排的责任制和问责制。二要完善相关制度和技术手段，开展绩效考评并实施目标责任管理，将考评结果纳入各级干部政绩考核体系。

三是建立并实行各级政府、职能部门的问责制和一票否决制以及企业的生产者责任制。四要严格落实环境责任追究制度，尤其是刑事责任的追究制度，加大对违法超标排污企业的处罚力度，严惩环境违法行为。

扭转过去政府"唱独角戏"的生态文明建设方式常态，通过生态资源资产的确权、资源性产品的价格改革、生态补偿机制的构建等市场体制的建设，加大力度推进生态文明体制机制建设。

在制度建设上，还需要进一步规范和完善，凸显其可操作性和导向性，包括：①研究制定《关于界定自然资源资产及其产权制度的指导意见》，建立国家和地方层面的生态文明建设领导小组或委员会。②在试点示范的基础上起草《自然资源有偿使用管理条例》和《生态补偿管理条例》，使得自然资源资产有偿使用和生态补偿有法可依。③提出对自然资源资产实施市场导向、分类指导、用途管制和设定生态保护红线的资产化管理方案。④研究提出自然资源资产核算体系和负债表编制导则，初步建立自然资源有偿使用和生态补偿体系，全面开展政府官员的生态绩效考核与问责制度工作。

从生态文明体制改革和建设的实践来看，许多地方一方面在大力建设生态文明，但同时又在其他方面大肆破坏生态文明建设。而且，对于生态文明建设，只注重投入和自然资产的表象增量，并不重视自然资产的最终存量。一个典型的例证是植树造林。每年完成数额可观的新增造林面积，但是能否存活下来，则不在统计之列。这就使得，前一年造林后大面积死亡，然后在同一地方再次造林。如此周而复始，增量不断有，存量却不见。有些城市搞城市公园景观建设，从山上移栽古树、大树，城市森林面积增加了，但是山上的森林被破坏了。许多地方的污染治理也是一样。关停处罚一些污染严重的企业，同时又上马一些高排放高污染的企业。因而，对于自然资源资产的考核，不能简单地看增量变化，而是要看存量情况。

第六章　全球可持续发展面临的
主要挑战

全球可持续发展所关乎的重大威胁，随着科学与政策的交互作用①得到了广泛的认识与许多国家的积极应对，这些重大威胁包括最初得到关注的环境与陆地生态系统的破坏、发展中国家贫困等问题，由 20 世纪末开始受到瞩目的全球气候变化、产妇婴儿健康与教育等问题，以及《2030 年可持续发展议程》中提到的海洋与海洋资源保护、可持续生产与消费、地区冲突与恐怖活动等问题。对于重大威胁的识别，帮助我们形成了全球可持续发展议程，并制定和改进了可持续发展目标。然而，可持续发展的许多目标和工具在实施上仍面临着政治、经济和技术等方面的挑战，诸多内在矛盾和严峻复杂的形势，成为实现可持续发展目标的桎梏，使得转型进程步履维艰。

本章主要从资金难题、制度困境、市场失灵、技术局限和人口态势五个方面论述了全球可持续发展目标实现面临的主要挑战。

---

① 科学与政策的交互作用（Science – policy Interface），在 Global Sustainable Development Report 2015 的第一章中得到了定义与描述，其主要功能包括"科学预警和提高认识、定义或重新定义可持续发展相关问题、评估政策选择或不同政策选项的影响、为司法和立法制度提供参考、监测和实现"等方面。详见 https：//sustainabledevelopment. un. org/globalsdreport/2015。

充分发现和认识这些挑战，剖析其深层次的原因，并寻求可能的解决路径，化危机为机遇，将有利于突破可持续发展目标实施中的诸多困境，加速全球可持续发展的推进。

一　全球可持续发展面临的资金挑战

（一）资金需求缺口巨大

全球可持续发展离不开大量资金的支持，然而根据实际落实的资金状况来看，与真实的需求仍然存在巨大的差距。联合国贸易和发展会议（UNCTAD）在 2014 年的《世界投资报告》中指出，为实现可持续发展目标，发展中国家每年大约需要 39 亿美元的总投资，与实际的投资规模相比，仍然存在 25 亿美元的缺口。

在低收入国家较为集中的亚非拉地区，除了在应对气候变化、海洋和陆地生态系统保护等一系列可持续发展问题方面需要大量资金来破解技术与实施的困境外，在更加基本的消除贫穷与饥饿、确保健康、保证教育以及基础设施的覆盖等方面，更是存在巨大的资金需求。以世界银行 2011 年的研究数据为例，发展中国家在 2013 年的基础设施需求为 1.25 万亿~1.5 万亿美元，但实际落实的资金仅为 8500 亿美元。

另外，对于可持续发展问题挑战的低估也加剧了未来对于资金的需求。例如，在应对全球气候变化方面，联合国环境规划署就在 2016 年 5 月的德国波恩会议①上指出，世界银行严重低估了发

---

① 2016 年 5 月 16 日，《联合国气候变化框架公约》缔约国在《巴黎协定》达成后的首次正式会议在德国波恩召开。

展中国家适应气候变化的资金需求，并认为截至 2050 年，其适应气候变化的成本可能上升至每年 2800 亿～5000 亿美元，是世界银行 2010 年估计的 700 亿～1000 亿美元（2010～2015 年）的 4～5 倍。

（二）资金机制不具强有力的约束力

国际层面对于可持续发展的资金问题，早在 1992 年的里约联合国环境与发展大会就已经得到重要认识，会议提出了发达国家对于发展中国家每年捐助国民生产总值的 0.7% 的目标，同时还包括债务减免等资金措施。然而从实际状况看，官方发展援助远远没有达到当初在里约的承诺，以 2010 年为例，根据联合国统计，2010 年发达国家官方发展援助仅达到国民生产总值的 0.32%。

2002 年在墨西哥的联合国发展筹资国际会议上达成的《蒙特雷共识》，对于落实联合国《千年宣言》中的可持续发展目标，提出了调动国内经济资源、增加国际私人投资、健全贸易体制、增加官方发展援助、解决发展中国家债务问题等重要内容，首次确立了全球可持续发展筹资问题的政策框架。2008 年于卡塔尔举行的第二次联合国发展筹资国际会议通过了《多哈宣言》，对《蒙特雷共识》形成的发展筹资框架进行了进一步认可，并对金融危机形势下全球落实发展筹资承诺的挑战与措施进行了探讨。2015 年，为了应对新的全球可持续发展议程的要求，第三次联合国发展筹资会议达成了新的成果文件——《亚的斯亚贝巴行动议程》，为国际可持续发展的筹资问题确立了新的框架。新框架除了重申发达国家应该足额、及时履行官方发展援助占国民生产总值 0.7% 的承诺外，还从国内公共资源、国内和国际私营部门资金、国际公共部门资金、贸易、发展中国家债务、国际系统性议题以及科学、技术、创新和能力建设等方面强调了可持续发展的资金问题，并提出了南南合作作为国际发展筹资的重要补充以及建立"技术促进机制"和"全球基础设施论坛"等新的措施。

尽管在国际层面，可持续发展的资金机制问题得到了重点讨论，并形成了全球范围内的发展筹资框架，但是资金机制始终没有得到发展中国家和发达国家共同一致的认可。例如，在筹资原则上，发达国家倡导的"普遍性原则"与发展中国家坚持"共同但有区别的责任"原则针锋相对，而在执行手段上，发达国家始终拒绝对具体目标的资金援助和技术转让做出承诺。

正因为如此，资金机制一直未能上升到国际法律制度的层面，对发达国家无实际约束力，发展中国家的可持续发展资金筹集无法得到实质性的保证。

从全球应对气候变化的资金机制面临的挑战同样也能看到发展中国家与发达国家在可持续发展的筹资问题中的巨大分歧。

1992 年通过的《气候变化公约》提出，发达国家应在资金、技术方面支持发展中国家。在《哥本哈根协议》中，对资金提出了要求，即发达国家在 2010～2012 年每年筹集 300 亿美元资金，到 2020 年提升到每年 1000 亿美元资金，帮助发展中国家。从事实情况来看，发达国家为发展中国家尤其是低收入国家筹集资金的数额远没有达到承诺，兑现 2020 年之前每年 1000 亿美元气候资金援助更加成为空谈。可以看到，在 2015 年 12 月签订的《巴黎协定》中，各国提交的仅仅是国家自主贡献，对于资金的安排，仍然并没有被包含在有法律约束力的文件中，而是在没有法律约束力的大会决定中。"贡献"显然在法律上弱于"允诺"，更不及

"承诺"。即使是这样，也未被包含在协定中。这也就意味着，各国的贡献是自愿性的。如果"贡献"不到位，也没有惩罚机制，资金的落实问题将持续成为一个重要的挑战。

（三）资金来源受到限制

在全球可持续发展的筹资方面，发达国家和一些私人部门往往承担着提供资金援助的重任。

对于许多发达国家来说，国会议会掌握着国家的财政权，而政府的权力有限，为了保证公共财政的民主化与公开化，对于资金的支配，往往需要通过较为烦琐和复杂的讨论与决策，而国家纳税人对于国家财政用于支持全球的可持续发展（如援助最不发达国家以帮助其应对气候变化）的积极支持依然没有在发达国家的公众中得到广泛体现，相比之下，纳税人更加希望国家财政能够投入使其直接享受惠益的方面，如国内的公共设施、公共医疗服务与教育服务等。

同时，在发达国家经济增长动力出现不足的当下，有一些发达国家为了重拾产业竞争力，开始回归制造业，与部分发展中国家形成产业上的竞争，因此对发展中国家的技术转让和资金援助表现出谨慎和停滞。

另外，私人部门（如发达国家的跨国公司等）存在规模相当可观的闲置资金，在劳动密集型、出口导向型领域的投资对于解决发展中国家的可持续发展问题也具有重要贡献，如解决了一定人口的就业等。然而从资金角度来看，私人部门在国际可持续发展方面的投入也受到各方面的阻碍。由于资本的逐利性，私人部门偏好收益率高、现金流较强的投资项目。而与推进可持续发展相关的投资主要集中在公共品领域（如对不发达国家或地区的基础设施投资、医疗与教育投资），投资周期较长，投资不确定性较高，投资回报缺乏稳定性，这使得可持续发展领域的发展与环境保护等问题常难以通过追求短期低风险和高收益的私人投资实现。

（四）资金使用方面的挑战

发展中国家作为资金的受援助方，是否有能力独立掌握资金的规划与使用，其体制机制是否健全而透明，资金使用的效率是否理想都成为实施资金援助方需要考虑的问题。根据具有典型意义的非洲国家情况来分析，许多国家经济发展位于较低水平，政府处于财政赤字状态，财政能力薄弱，部分国家的财政并不透明，在这种情况之下，国家是否有能力将受援助的资金有效率地投入到国家实现可持续发展目标最迫切需要的领域将受到很大程度的质疑。

二 全球可持续发展面临的制度挑战

可持续发展涉及的问题包含了人、社会与自然，在区域上涉及国家、地区与全球性的问题，因此，面临着一系列制度挑战。

第一，不存在一个全球性的政府，对全球范围内的社会、环境方面的可持续发展问题进行全面的协调与管理。尽管对于全球性可持续发展问题，在国际层面已经通过了相关的议程（如联合国《2030 年可持续发展议程》）和公约（《气候变化框架公约》《联合国海洋法公约》），将利益相关者联系和召集起来，形成全球范围内的共识与合力，但在可持续发展的许多具体问题上，各个国家的分歧依然明显，同时也无法形成有效率的沟通，致使可持续发展目标的实施缓慢。

　　第二，对于从全球层面应对可持续发展问题的可行性制度选择也存在许多争议。例如，在应对待气候变化这一全球性的可持续发展问题上，对于减排目标制定的两种思路一直以来受到广泛的争论，一种是"自上而下"的思路，即首先确定全球长期的温度控制目标和 CO_2 减排目标，根据该目标计算出全球的碳预算，并基于一定的准则将预算在全球各国之间进行分配，《京都议定书》就是这一制度模式下的产物。但这种温室气体控制与减排模式在全球碳预算分解的过程中遭遇了巨大困难，也正是因为发展中国家和发达国家对于减排责任和碳预算分配标准的持续争论，《京都议定书》之后全球减排框架的进展缓慢，长时间无法达成具有约束力的国际协定。另一种思路是自下而上的方式，以《巴黎协定》为代表，各国的减排目标由国家提交"国家自主贡献"决定，全球目标是"尽早实现排放峰值"，在 2050 年以后实现净的零排放，这样的制度充分尊重了各个国家的对自身减排责任和减排潜力的考量，减小了达成一致协议中可能遇到的政治阻力。但是，综观各国提交的"国家自主贡献"可以发现，各国的目标有绝对量、有相对量、有可再生能源、有政策措施，一些发展中国家如印度、中国的目标为单位国内生产总值二氧化碳排放量下降一定比例，这些目标设定多具有不可比性，也难以转换为一个统一的量化额度，因此，全球各国的目标加总，是否能够实现升温控制目标存在一定的疑问，况且，各国的自主贡献也并不具备法律约束力。

　　第三，从经济角度来看，在国际金融、国际贸易等方面，发达国家永远是主导者，在国际合作与国际谈判中，少数发达国家成为规则的主要制定者，而大多数发展中国家则一直在扮演着"规则接受者"的角色。发达国家对于技术与知识产权实施保护，使得世界的经济政治格局出现固化的趋势，许多发展中国家地位持恒，将越来越难以在全球的对话与合作中获得话语权，由发达国家主导并制定世界规则的局面或将一直维持。因而，对于诸如应对全球气候变化这样的可持续发展议题，发达国家还将一直把持着全球的命脉，它们的应对与行动也关系到全球可持续发展的整体进程。

三　全球可持续发展面临的市场挑战

市场竞争是实现要素有效率配置的有效途径。当前，在实现可持续发展的过程中，尽管国际组织机构和政府部门起到了无可替代的作用，而充分发挥市场机制，让更多的私人部门、利益相关者加入到推动可持续发展的浪潮中，不仅改善了效率，而且也将逐渐提升人们对可持续发展问题的普遍认识。以市场的力量去寻求可持续发展重大问题的解决已经在许多方面得到了重要应用，例如，建立国家性或区域性的碳排放权交易市场实现总量约束下的碳减排，以应对全球气候变化；建立生态补偿机制，以保护生态系统的服务价值；通过合同能源管理服务为工厂和设备实施节能减排改造。

然而，从市场手段在可持续发展领域的实践来看，依然存在相当多的挑战。

首先，从本质上看，市场化的手段依然强调的是经济激励，行动的出发点是资本追求收益的冲动，而可持续发展目标则是强调人、社会与自然三者的和谐共处，强调人与人之间的代际公平原则，两者在价值追求上往往无法契合，再加上对于人类的社会福祉、自然生态系统的功能价值等所谓的无形资产，通常不存在一套统一适用的核算体系，使得人们对于看得见的经济利益的重视超越了对于可持续发展具有重大影响的相关要素。

其次，市场的力量并非万能，市场工具的使用也会出现失灵的现象。以欧盟碳排放权交易体系（EU ETS）①的建立为例。欧盟的碳排放权交易体系于 2005 年起开始实施，并计划分为三个阶段开始运行。② 在第一阶段，由于配额决定权利分散、排放源基础数据缺乏，为初始配额总量过剩埋下伏笔，加上欧盟委员会在 2006 年 11 月进一步出台管理规定，限制第一阶段的配额在第二阶段使用，无法转移使用导致了在第一阶段后期配额出现过剩，以致其价格骤降，从最高的 30 欧元每吨跌至 10 欧元左右。在 2007 年下半年，碳排放权的价格降至不足 1 欧元每吨，几乎毫无价值。在运行的第二阶段，欧盟碳市场依然没能根除交易体系内部的制度性隐患，在总量确定与分配法则上③的选择失当，加上 2008 年到来的金融危机以及随后的欧债危机，使得配额供过于求的局面

---

① 排污权的机制设计源于著名的"科斯定理"，对于环境的治理者而言，它被认为是减排成本最低、极富有操作性的一种市场性机制。它基于"总量与贸易"（Cap and Trade）原则，即政府或相关部门限定区域排放权的总数量，并基于一定准则将碳排放权发放给排放企业，碳排放权成为具有价值的资产，能够在企业之间进行交易。

② 第一阶段为 2005～2007 年，第二阶段为 2008～2012 年，第三阶段为 2013～2020 年。

③ 在碳排放交易计划实施的第一阶段和第二阶段，欧盟要求参与碳排放权交易体系的各个国家自主拟定"国家分配计划"（National Allocation Plan，NAP），欧盟对其进行审查和评估，并在国家层面进行国家之间配额分配管理，不参与到国家内部的分配方案制定中。成员方主要通过"祖父法则"（或历史分配法，即基于该国的历史排放额度计划未来的排放额度）确定国家的排放总量以及分配给国内各个管制设施的配额数量。这种分权式的国家分配计划制度为配额过剩埋下伏笔，而以"祖父法则"为指导的分配原则和以无偿分配为主的分配方式引起了市场的扭曲。

进一步加剧，碳排放权的现货价格一度暴跌至每吨 4.46 欧元的最低水平，至今依然徘徊在每吨 10 欧元以下的低位，对于企业进行低碳投资的激励处于基本失灵的状态。

最后，用市场化手段解决可持续发展问题面临着投入与收益不成正比的难题。以我国对于可再生能源的投资为例，尽管已经实现了相当可观的可再生能源装机量——到 2015 年底，我国水电、风电、光伏发电装机分别达到 3.2 亿千瓦、1.2 亿千瓦、4300 万千瓦左右，可再生能源发电总装机达到 4.8 亿千瓦左右，其中风电装机量达到全球的1/4，光伏装机总量达到全球第一，在规模上已经冠绝全球。然而这样的数据也无法掩盖我国推行可再生能源发电面临的真实困境，可再生能源的发电成本仍然大幅高于火电成本，在上网竞价中仅能靠国家补贴维持竞争力。另外，光伏电站的运营成本以及风电站"弃风限电"的设备闲置成本为投资者带来了收益上的不确定性。

四 全球可持续发展面临的技术挑战

毫无疑问，技术为人类进步与发展带来了不竭的动力，全球的可持续发展对于技术的需求毋庸置疑，技术推动工业化和城市化将极大地解决社会的贫穷、健康、医疗和教育问题，实现基础设施的覆盖，提升就业率。同时，技术创新能够提高资源利用效率，降低单位产品的资源消耗量和污染物排放量，也能够发现和有效减缓生态系统的压力，提高自然环境的承载能力和可持续能力。

然而，技术的负面效应也应该得到充分的审视。这些负面效应主要表现在三个方面。

一是技术的反弹效应。由于资源利用效率的提高，单位资源市场供给和消费价格下降。在收入水平不变的情况下，消费者同等额度的预算支出，必然增大对自然资源的消耗数量。例如，汽车燃油效率的提高、单位里程油耗的降低导致消费者可能行驶比燃油效率提高前更多的里程，使得节油的数量并没有达到技术倍数效应的效果。又如节能灯的使用，在节能灯替代白炽灯后，同样的照明亮度和时间，可减少 3~5 倍的用电量。但消费者可能增加亮度、延长照明时间，从而使实际节省的电量并没有预期的那么多。技术的反弹效应在一定程度上为可持续生产与消费模式的实现带来了挑战。

　　二是自然资源消耗的加速效应。由于技术创新、成本降低，需求必然增加。例如，汽车制造技术的发展，如果价格昂贵，只有少数高收入者使用，对不可再生的化石能源的消费远比汽车在家庭中普及的情况下要少。同样，二次采油、三次采油技术使有限的石油储量枯竭速度加剧。以北京地下水的平均埋深和储量变化为例，如表6-1所示，自1960年以来，随着水资源需求的不断攀升，对北京地下水抽取的深度和数量均呈加速态势。不论是反弹效应还是加速效应，均增加消费者剩余，提升消费者的福利水平，但对环境资源容量的占用和耗减，也是一个不争的事实。

表6-1　北京市地下水平均埋深和储量变化（1960~2013年）

年　份	地下水平均埋深（米）	地下水位年均下降（米）	地下水位累计下降（米）	地下水储量年均减少（亿立方米）	地下水储量累计减少（亿立方米）
1960	3.19	—	0	—	0
1980	7.24	0.20	4.05	1.00	20.7
1998	12.88	0.31	9.69	1.32	44.5
2013	24.52	0.78	21.33	4.31	109.2

三是极限效应。技术创新可以减少污染物排放，但达到一定水平后，进一步减少污染物排放的技术难度增加，而且在许多情况下，在技术上不可能达到 100% 的削减。例如，燃煤电厂的脱硫、脱硝，一般在 80% ~95%，几乎不可能达到 100%。技术的增量效应，也不可能是无限的，技术投入可以远距离调水保障特大城市使用，但不能改变大气水循环增加降水总量。远距离调水增加特大城市供水，只是改变了自然资源的空间配置，是一种零和结果，并没有增加系统的总体容量水平。以北京市的用水情况为例，图 6–1 数据表明，近年来北京市的用水总量大致持平。由于人口的增加，生活需水量不断增加，要保持用水总量的不变，只能挤占农业和工业用水量。2000 年以前，生态环境用水量微乎其微，一个重要原因就在于地下水位不是太深，植物的根系可以获取地下水。用水效率虽然提高了，但是不可能增加自然界的水循环速率和数量。在可以预见的未来，现有的技术或未来的技术很难使地球表面积增加或创造新的适宜人类居住的星球，使得人类可持续发展面临一个"极限"。

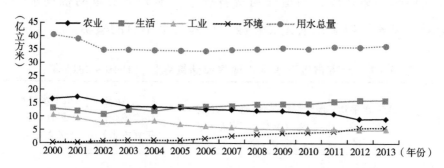

图 6–1 2000 ~2013 年北京市用水量变化情况

资料来源：北京市水务局 2014。

以特大城市的规模扩张为例，分析技术的负面效应对其可持续发展可能造成的影响。正是由于技术的反弹效应、加速效应和极限效应，特大城市的规模扩张和运行受到边界刚性的制约。这种刚性包含自然、经济和社会刚性。例如，城市规模扩张所带来的资源消耗和污染物排放量超出了技术的倍数效应、① 增量效应②和替代效应③的总和，城市环境容量就会遭遇极限制约。以汽车为例，2013 年 9 月环保部公布了轻型汽车国 V 排放标准，国 V 排放标准和欧洲正在实施的第五阶段轻型车排放水平相当。相比 2005年发布的国 IV 排放标准，国 V 标准大幅度加严了污染物排放限值。汽油车的氮氧化物排放标准严格了 25%，柴油车严格了 28%。国 V 标准新增了颗粒物粒子数量限值要求，颗粒物排放限值严格了 82%。国 V 标准取代国 IV 标准，技术效率将使单位燃油大气污染物排放量减少 25% ~ 30%。如果汽车数量保持不变，则燃油产生的大气污染物排放量会同比例下降；但是，如果汽车数量增加 1倍，则燃油消耗产生的污染物排放会增加 40% ~ 50%。这也是为什么特大城市道路面积增加、燃油标准提高，而汽车污染物排放总量却不断增加的原因。同样，虽然天然气比煤炭清洁，但天然

---

① 技术的倍数效应，即通过技术创新提高资源利用效率，降低单位产品的资源消耗量和污染物排放量，在环境容量不变的情况下，其所承载的社会经济活动量和水平得以成倍数增加。高速公路和冷藏技术可以使更远距离的新鲜蔬菜供给城市。

② 技术的增量效应，即技术创新使边际资源得以商业利用的增量效应。例如，在水资源短缺的城市，可以抽取深层地下水，可以远距离调水，也可以淡化海水，使原来经济不可行的资源得到市场供给，在一定程度、一定范围或一定时期内增加了资源可利用量，从而也就增加了环境承载能力。表 6 - 1 中北京地下水平均埋深不断下降的原因之一正是大功率机井技术的出现。

③ 技术的替代效应，即技术创新对环境资源的替代效应。例如，化学纤维对植物纤维的替代，金属材料对木材的替代，火力发电风冷技术替代水冷技术等。这些替代技术有效缓减了生态系统压力，提高了自然环境的承载能力和可持续能力。

气燃烧也有污染排放。由于城市规模的不断扩大，天然气排放的污染也会不断增加，导致特大城市的大气污染并没有得到改善，反而会加重。再比如，假设由于用水效率提高，北京市人均用水量下降了 10%，但北京人口增加了 50%，则水资源需求总量增加了 35%。在北京市水资源环境容量已经超载的情况下，作为特大城市其扩张与发展将变得不可持续。

五　全球可持续发展面临的人口挑战

在人口方面，全球可持续发展面临着巨大的挑战。人口老龄化问题在日本、德国、美国等发达国家十分突出，而中国等发展中国家也渐受蚕食。同时，发展中国家还面临着由人口基数大、出生率高等引发的人口增长过快进而造成的资源不足问题。除此之外，在全球快速城市化进程中，城乡人口结构失衡也对全球可持续发展带来了困扰。

伴随着人口平均预期寿命的延长与老年人口数量的增多，人口老龄化将直接影响经济的可持续发展。根据美国人口普查局的报告《老龄化的世界：2015》提供的数据，目前全球 65 岁以上人口约有 6.17 亿，在全球总人口中占比为 8.5%；预计到 2050 年，这一比例将上升到近 17%，老龄人口数量将达到 16 亿；到 2050 年，全球人口的预期寿命预计将达到 76.2 岁，比 2015 年的 68.6 岁延长了近 8 岁。老年人口数量的增多使得对养老金的需求水涨船高，这是对养老保险制度和公共财政收入可持续的严峻考验；此外，人口老龄化也对养老服务、医疗技术及基础设施等提出了进一步的要求。而老年人消费结构、储蓄倾向等会对一国的投资、汇率等带来不利影响，由此影响了全球可持续发展。

　　对于发展中国家而言，在经济发展的阶段，因公共卫生条件改善而带来的出生率升高、人民免疫力增强、死亡率下降等会使人口总量快速增加。统计数据表明，发展中国家的人口增长速度最快，世界最贫穷的非洲和南亚地区人口增长率最高。① 在某种程度上，人口增长过快虽然可以带来人口红利，但发展中国家本就存在公共基础设施不足、制度不够完善、生产率较低的问题；已经得到利用的既定资源无法满足快速增长的人口需求，加大资源投入、提高开发速度则很可能引起环境资本的浪费。因此对于可持续发展来说，人口增长过快引发的资源过度开发、粗放型增长等问题不可小觑。

　　城乡人口结构失衡也给全球可持续发展带来了不少问题。以中国为例，1982 ~ 2005 年，中国城市化率由 20.55% 上升到 42.99%，65 岁及以上人口的比重上升至 7.69%，城镇和农村 65 岁及以上人口比重分别由 4.53% 和 5% 上升至 7.20% 和 8.10%。② 可以看出，城乡人口结构的差别使得人口老龄化问题在农村地区更为严重，再加上教育、医疗、文化、体育等社会服务资源集中于城市，这对于农村地区的发展极为不利，也在无形中加剧了伴随城市人口与资源集聚而来的"城市病"，以及公共安全风险，这也将直接影响全球可持续发展进程。一方面，既有的城乡发展差别造成具有劳动力的人口向城市集聚，农村地区的老龄化问题更为严重；另一方面，发展农村地区、缩小城乡发展差距需要更多劳

---

① 侯玉卿、曹丽萍：《试论人口与可持续发展》，《保定师专学报》1999 年第 4 期，第 47 ~ 49 页。

② 朱宝树：《城乡人口结构差别和城市化的差别效应》，《华东师范大学学报》（哲学社会科学版）2009 年第 41（4）期，第 84 ~ 90 页。

动力和资源投入。因此，平衡城乡人口结构、均衡城乡发展，是全球可持续发展的重点问题。

此外，由于越来越多的移民和难民迁徙，在许多国家和地区的人口中融入了有着不同宗教、文化背景和属于不同种族、民族的人群，这也使社会的构成进一步复杂化，宗教、文化和种族的冲突为社会和谐稳定埋下隐患，尤其是潜在种族主义者、宗教极端主义者和恐怖主义者使得公众安全和社会安全面临重大挑战。

第七章　中国可持续发展的实践

自21世纪的《千年宣言》通过以来，中国在落实千年发展目标、推进可持续发展方面展示了极大的决心，并取得了举世瞩目的成就。根据2015年发布的《中国实施千年发展目标报告（2000～2015年）》提供的数据，我国已经完成或基本完成了13项千年发展目标的相关指标。其中，最为突出的成绩在于，1990年到2011年，中国贫困人口减少了4.39亿，提前完成减贫目标，并为全球减贫事业做出了巨大贡献。此外，中国粮食产量在新千年连续保持了11年增长，以占世界不足10%的耕地，养活了占世界近20%的人口。同时，卫生、教育等民生问题也得到了显著改善，2000年以来解决了4.67亿农村居民的饮水安全问题，男、女小学学龄儿童净入学率稳定维持在99%以上。值得注意的是，中国在实现自身发展的同时，还积极开展"南南合作"，先后为120多个发展中国家落实千年发展目标提供了力所能及的帮助。

本章首先对中国在实施千年发展目标的过程中所取得的重要成果和经验进行了梳理；其次对中国在国家发展战略层面对可持续发展目标的融入进行了分析；最后以气候变化为例，介绍了中国在推进可持续发展的国际合作方面的重要努力与经验。

一 中国在千年发展目标框架下的基本成果与重点举措

联合国千年目标，总体上不算苛求。中国社会稳定，经济发展，多数目标大体实现。但也有一些目标，如生物多样性保护，尽管中国在自然保护建设，湿地恢复、濒危物保护等方面做了大量努力，但受威胁物种数量减少的趋势并没有得到根本的控制。而在另一些领域，如国际合作协同推进千年目标进程方面，中国作为发展中大国，表现了极大的担当。通过南南合作，有力地推动了其他发展中国家的可持续发展进程。

本节将千年发展目标的八个目标归纳为三个领域来考察中国在千年发展各个领域的目标完成情况及实施经验，包括人类发展（目标 1~6）、生态环境保护（目标 7）和全球合作（目标 8）三个方面，见表 7-1。

表 7-1　我国在千年发展目标框架的具体目标
领域中的成果（分具体目标列举）

总体目标	具体目标	中国的完成情况	具体指标
目标 1 消灭贫穷饥饿	1A 从 1990 年到 2015 年，将每日收入不足 1 美元的人口比例减少一半	已经实现（但截至 2014 年，中国仍然有 7017 万农村贫困人口*）	中国贫困人口从 1990 年的 6.89 亿下降到 2011 年的 2.5 亿 从 1990 年到 2005 年，全球生活在 1 美元/天贫困线下的人口减少到 14 亿，共减少了 4.18 亿，降低了 23%。如果不包括中国，则全球的贫困人口实际增加了 5800 万人

续表

总体目标	具体目标	中国的完成情况	具体指标
目标1消灭贫穷饥饿	1B 让所有人包括妇女和年轻人实现充分的生产性就业，获得体面劳动	基本实现（2014 年底，全国就业人员总量为 77253 万人，城镇登记失业率为 4.09%）	2003～2014 年，全国城镇累计新增就业达 1.37 亿人，近十年来城镇登记失业率保持在 4.3% 以下，2014 年有 1.70 亿人参加失业保险　　越来越多的女性进入技术、知识密集型行业。卫生技术、教学、会计等领域的专业技术人员中，女性比例超过男性。2014 年女性就业人员占全国就业人口总数的 44.8%。女性自主创业的比例达到 21% 以上，女企业家约占企业家总数的 25%
	1C 从 1990 年到 2015 年，将饥饿人数减少一半	已经实现	中国在 2012～2014 年营养不良人口数比 1990～1992 年减少了 1.381 亿人，人口比例由 23.9% 下降至 2012～2014 年的 10.6%，降幅达 12.3 个百分点
目标2普及初等教育	目标 2A 确保各地儿童，无论男女，能完成全部初等教育课程	已经实现	截至 2011 年，中国所有县级行政单位全部实现"基本普及九年义务教育、基本扫除青壮年文盲"的目标，人口覆盖率达到 100%　　小学学龄儿童净入学率在 2014 年达到 99.8%，文盲率下降至 4.1%，男女平均受教育年限差距从 2000 年的 1.3 年缩小到 2014 年的 0.8 年
目标3促进两性平等	3A 争取到 2005 年在小学教育和中学教育中消除两性差异，至迟于 2015 年在各级教育中消除此种差异	已经实现	2008 年，中国全面实现城乡九年免费义务教育，此后男、女童小学净入学率均保持在 99% 以上，男女童入学率性别差异全面消除。2014 年，普通中学阶段及普通小学阶段教育女生人数分别为 3245.80 万人、4371.96 万人，占在校学生总人数的 47.84%、46.26%。中小学男女生比例与适龄儿童的人口数量比例基本一致

续表

总体目标	具体目标	中国的完成情况	具体指标
目标 4 降低儿童死亡率	4A 从 1990 年到 2015 年，将 5 岁以下儿童死亡率降低 2/3	已经实现	2013 年，中国 5 岁以下儿童死亡率、新生儿死亡率和婴儿死亡率分别为 12.0‰、6.9‰ 和 9.5‰，较 1991 年分别下降 80.3%、79.2% 和 81.1%，呈现持续大幅下降趋势，提前实现了千年发展目标中降低儿童死亡率目标
目标 5 改善产妇保健	5A 从 1990 年到 2015 年，将孕产妇死亡率降低 3/4	已经实现	中国孕产妇死亡率已从 1990 年的 88.8 人/10 万人下降为 2013 年的 23.2 人/10 万人，降低了 73.9%；城乡之间孕产妇死亡率由 1991 年的 1:2.2 缩减为 2013 年的 1:1.1
	5B 到 2015 年普及生殖健康	基本实现	2013 年，中国已婚育龄妇女综合避孕率达到 89%，户籍人口免费计划生育基本技术服务项目人群覆盖率达到 100%，流动人口达到 96%，孕产妇系统管理率为 89.5%
目标 6 与疾病做斗争	6A 2015 年遏制并开始扭转艾滋病病毒/艾滋病的蔓延	基本实现	2014 年新报告艾滋病感染者和病人 10.4 万例，年增长率 14.8%，疫情总体上控制在低流行水平，发病率快速上升的势头得到初步遏制。符合治疗标准的艾滋病病人病死率由 2003 年的 33.1% 降至 2013 年的 6.6%
	6B 到 2010 年，实现所有需要获得艾滋病毒/艾滋病治疗的普及	基本实现（中国自 2004 年开始实施免费艾滋病自愿咨询检测，截至 2014 年基本建成了覆盖城乡的艾滋病防治服务网络）	目前中国已建立了 2.5 万个艾滋病初筛实验室、446 个确证实验室、9000 多个自愿咨询检测门诊、1800 多个艾滋病监测哨点、766 个美沙酮维持治疗门诊、3923 个艾滋病抗病毒治疗定点机构、163 个中医药治疗点和 3281 家艾滋病综合医疗服务定点医院，形成了布局合理、覆盖城乡、功能完善的艾滋病防治服务网络 截至 2011 年，中国已经基本实现免费抗病毒治疗药物自主供应

总体目标	具体目标	中国的完成情况	具体指标
目标6 与疾病做斗争	6C 从1990年到2015年，将结核病和疟疾的负担减少一半	*基本实现（中国结核病疫情上升势头已经得到有效遏制，疟疾发病率显著降低，但近年来慢性病发病率呈上升趋势）	2014年共报告肺结核发病人数88.94万人，发病率为65人/10万人，自2008年以来连续6年下降。新涂阳肺结核患者治愈率从1991年的76.3%上升到2013年的93.0%。2010年涂阳肺结核患病率为66人/10万人，肺结核死亡率为3.9人/10万人，分别较1990年下降了51%和79.5%，提前实现了联合国千年发展目标的相关指标
			疟疾发病人数由20世纪90年代初的年均10万例左右降至目前的年均3000例，发病率降至0.2人/10万人
目标7 环境可持续力	7A 将可持续发展的原则纳入政策和计划，扭转环境资源损失趋势	基本实现（自2000年以来，中国将可持续发展原则全面纳入国民经济与社会发展规划，中国的生态系统总体呈现好转态势，环境持续恶化的趋势得到初步遏制）	1992年联合国环发大会后，中国政府于1994年3月发布《中国21世纪议程——中国21世纪人口、环境与发展白皮书》，并签署了《联合国防治荒漠化公约》，1996年将可持续发展上升为国家战略并全面推进实施，包括以"以人为本，全面协调可持续发展"为核心的科学发展观（2003年），建设资源节约型、环境友好型社会先进理念（2005年），把生态文明纳入中国特色社会主义事业"五位一体"总体布局（2012年）
			我国大力实施重点生态修复工程，2013年森林覆盖率上升为21.63%，森林资源快速增长。推进草原重大生态建设工程，2000~2013年，草地面积维持在近4亿公顷，约占陆地面积的41.7%，草原数量、质量均有所提高
			全国建立了46处国际重要湿地，570多处湿地自然保护区和900多处湿地公园，共有2324万公顷湿地得到了保护，湿地保护率从10年前的30.49%提高到了43.51%
			2005~2009年，中国荒漠化土地面积减少1.25万平方公里，实现荒漠化土地"零增长"；水土流失面积由2000年的356万平方公里减少为2013年的294.91万平方公里，得到较好的控制

续表

总体目标	具体目标	中国的完成情况	具体指标
目标 7 环境可持续力	7A 将可持续发展的原则纳入政策和计划，扭转环境资源损失趋势	基本实现（自 2000 年以来，中国将可持续发展原则全面纳入国民经济与社会发展规划，中国的生态系统总体呈现好转态势，环境持续恶化的趋势得到初步遏制）	2013 年，全海域符合第一类海水水质标准的海域面积约占全国海域面积的 95%；地下水环境质量的监测点总数为 4778 个，其中水质优良、良好、较差的监测点比例分别为 10.4%、26.9% 和 43.9%，地下水环境质量堪忧
	7B 减少生物多样性的丧失，到 2010 年显著减少生物多样性丧失的速度	没有实现	中国无脊椎动物、脊椎动物受威胁比例分别为 34.7% 和 35.9%，受威胁植物有 3767 种，约占评估高等植物总数的 10.9%，受威胁动植物物种比例较高
			全国有 15 个地方畜禽品种资源未发现，超过一半以上的地方品种的群体数量呈下降趋势
			国家重点保护野生动植物种群数量稳中有升：大熊猫数量从 20 世纪 80 年代的 1000 多只增加到现在的 1864 只，朱鹮数量从 80 年代的 7 只增加到目前的约 2000 多只，红豆杉、兰科植物、苏铁等保护植物种群不断扩大，分布范围越来越广
	目标 7C 到 2015 年将无法持续获得安全饮用水和基本环境卫生设施的人口比例降低一半	已经实现	截至 2013 年底，城镇供水服务人口达到 7.06 亿，91.93% 的城镇人口享受到集中统一的供水服务。截至 2014 年底，中国农村供水工程建设累计投资 2453 亿元，解决了 4.67 亿农村居民和 4056 万在校师生的饮水安全问题。根据世界卫生组织发布的数据，2012 年中国城镇和农村获得改进后的安全饮用水源的人口比例分别为 98% 和 85%

续表

总体目标	具体目标	中国的完成情况	具体指标
目标 7 环境可持续力	目标 7C 到 2015 年将无法持续获得安全饮用水和基本环境卫生设施的人口比例降低一半	已经实现	根据世界卫生组织数据，2012 年中国城镇使用改进的厕所的人口比例达到 98%，农村卫生厕所普及率从 1993 年的 7.5% 提高到 2013 年的 74.1%，有效控制了疾病的发生和流行 城市污水处理率由 2000 年的 34.2% 提高到 2014 年的 90.2%，无害化处理率由 2004 年的 52.1% 提高到 89.3%
目标 7 环境可持续力	目标 7D 到 2020 年，明显改善约 1 亿棚户区居民的居住条件	基本实现	2008~2014 年，中央财政支持 1565.4 万贫困农户改造危房；城镇保障性安居工程累计开工 4500 多万套，基本建成 2900 多万套。到 2014 年底，累计解决了 4000 多万户城镇家庭的住房困难
目标 8 全球伙伴关系	8A 进一步建立一个开放、以规则为基础、可预见、非歧视性的贸易金融体系	积极实施	2004 年与世界银行共同举办全球扶贫大会。多次向世界银行基金捐款、提供优惠贷款，并出资 5000 万美元在世界银行成立中国基金 2004 年、2008 年、2013 年中国分别向亚洲开发银行软贷款窗口亚洲发展基金捐款 3000 万、3500 万和 4500 万美元，支持亚太地区减贫事业 中国向国际农发基金承诺捐资 6000 万美元，向全球环境基金第六期增资自愿承诺认捐 2000 万美元
目标 8 全球伙伴关系	8B 满足最不发达国家的特殊需要	积极实施	先后 6 次宣布无条件免除重债穷国和最不发达国家对华到期政府无息贷款债务，累计金额约 300 亿元人民币。2015 年 1 月 1 日，中国政府正式实施给予与中国建交的最不发达国家 97% 税目产品零关税待遇措施 截至 2014 年底，共从 26 个受惠国有实际进口，累计受惠货值 47.2 亿美元，关税税款优惠 28.0 亿元人民币

续表

总体目标	具体目标	中国的完成情况	具体指标
目标 8 全球伙伴关系	8C 满足内陆国和小岛屿发展中国家的特殊需要	积极实施	2005 年以来，中国政府先后创建了"中国－加勒比经贸合作论坛""中国－太平洋岛国经济发展合作论坛"等，与相关地区的小岛屿发展中国家加强务实合作，涉及金融、贸易和投资、旅游、农林渔业、医疗卫生、环保和新能源、能力建设、文化教育、地震和海啸预警监测网建设等领域
			2013 年，中国政府宣布向太平洋岛国提供 10 亿美元优惠贷款，同时中国国家开发银行宣布设立 10 亿美元专项贷款，重点帮助小岛屿发展中国家克服可持续发展面临的瓶颈
	8D 通过国家和国际措施全面处理发展中国家债务问题	积极实施	截至 2014 年底，中国向非洲开发基金（ADF）累计承诺捐资 7.43 亿美元，2014 年向最新一期 ADF 承诺捐资 1.27 亿美元。截至 2014 年底，中国向加勒比开发银行特别发展基金累计承诺捐资 4829.8 万美元。截至 2014 年底，中国向泛美开发银行承诺捐资 3.56 亿美元
			截至 2014 年底，中国向国际货币基金组织累计捐资约合 9250 万美元，用于支持低收入国家经济结构调整、重债穷国减债、应对自然灾害冲击、技术援助和一般性减贫发展
			中国先后 6 次宣布无条件免除重债穷国和最不发达国家对华到期政府无息贷款债务，累计免除 50 个重债穷国和最不发达国家债务 396 笔，金额约 300 亿元人民币
	8E 在发展中国家提供负担得起的基本药物	积极实施	截至 2009 年，中国已向亚洲、非洲、欧洲、拉丁美洲、加勒比和大洋洲 69 个国家派遣了援外医疗队，累计对外派遣 21000 多名援外医疗队员，经中国医生诊治的受援国患者达 2.6 亿人次

总体目标	具体目标	中国的完成情况	具体指标
目标8 全球伙伴关系	8E 在发展中国家提供负担得起的基本药物	积极实施	中国向埃塞俄比亚、布隆迪、苏丹等许多非洲受援国无偿提供大量药品，包括中国自主创新研发的抗疟中草药青蒿素和禽流感、甲型流感的疫苗等
			2014年西非埃博拉疫情爆发，中国政府向多个疫区国家提供了4批次紧急人道主义援助，总价值达7.5亿元人民币，是全球提供援助批次最多的国家。同时，派出700人次的中国专家和医护人员赴疫区工作，是全球派遣专家和医护人员最多的国家
	8F 与私营部门合作，充分利用新技术尤其是信息和通信技术的好处	积极实施	截至2014年底，中国的电话用户总数达到15.36亿户，其中移动电话用户数量为12.86亿户，移动电话普及率上升至94.5部/百人。中国网民规模达6.49亿，互联网普及率为47.9%，其中手机网民规模达5.57亿，网民中使用手机上网人群占比2013年的81.0%提升至85.8%。中国宽带接入用户总数超过2.0亿，高速率宽带接入用户占比提高明显，4M以上、8M以上和20M以上宽带接入用户占宽带用户总数的比重分别达到88.1%、40.9%和10.4%

注：*贫困人口在此处采用扶贫标准判断，即人均年收入低于2300元人民币，2010年不变价。

资料来源：《中国实施千年发展目标报告（2000~2015年）》，中华人民共和国外交部、联合国驻华系统。

　　根据表7-1的列举，能够看出，我国在与人类发展相关的千年发展目标方面实施情况良好，目标1~6均完成或基本完成。在这一部分的目标实施中，我国的政策经验对于许多低收入发展中国家无疑具有重要的借鉴意义。

在消除贫困方面，我国自 2000 年制定并实施《中国农村扶贫开发纲要》以来，不断提高扶贫政策执行力，2014 年更是创造性地提出"精准扶贫"、"区域开发"和"社会保障"相结合的扶贫战略。同时，社会各界在扶贫工作中也实现了积极广泛的参与，政府机关、社会团体和大型国有企业、民营企业、公益组织及个人，参与扶贫事业的积极性很高，目前有近 17 万个帮扶单位，定点帮扶 17.4 万个村。东部 18 个较发达省份与西部 10 个省份建立了扶贫协作机制。此外，世界银行、亚洲开发银行、联合国开发计划署等也在中国实施了扶贫项目，加快了中国扶贫开发进程。为实现国民充分就业，我国也出台了税费减免、小额担保贷款、公益性岗位安置、社会保险补贴等一系列促进就业的政策措施，一方面鼓励劳动者自谋职业；另一方面扶持就业困难人员，创造了有利于"大众创业、万众创新"的制度环境。政府通过财政支持了"大学生创新创业训练计划"以及多项职业培训计划，重视劳动者的专业技能与创新能力培养。在消除饥饿方面，我国制定了包括《国家粮食安全中长期规划纲要（2008～2020 年)》在内的多项政策措施，确保食物安全和优化品种结构，并有针对性地部署了"国家粮食丰产科技工程"等一大批旨在提升食物生产能力的科技项目，建立了从国家到省、市、县、乡镇共五级农业技术推广服务网络。此外，我国积极立法保障婴儿与妇女的营养状况，签署了《联合国儿童权利公约》，确立了"儿童优先"，还制定了《中国儿童发展纲要（2011～2020 年)》，出台了《中华人民共和国母婴保健法》及其实施办法，并组织开展了一系列旨在改善儿童营养状况的行动计划。

在普及初等教育方面，我国在 2006 年修订《义务教育法》，进一步明确适龄儿童、少年不分性别、民族等，依法享有平等接受义务教育的权利，并确立了义务教育管理体制和经费投入体制，建立了义务教育监督机制。为改善农村地区义务教育学校办学条件，推进城乡教育均衡发展，我国政府先后实施了农村寄宿制学校建设工程、农村中小学远程教育工程、中西部农村初中校舍改造工程等一系列重大工程项目。同时加大经费投入力度以保障进城务工人员随迁子女、农村留守儿童及残疾儿童少年等特殊困难群体平等接受义务教育。

在促进两性平等方面，我国不断完善促进妇女发展和保障妇女权益的法律体系，目前已形成以宪法为基础，以妇女权益保障法为主体，包括就业促进法、劳动合同法、女职工劳动保护特别规定等在内的 100 多部法律法规，反家庭暴力法已经进入立法程序，为妇女发展和维权提供了根本保障。从 1995 年起，我国连续制定了三个《中国妇女发展纲要》。目前正在实施的《中国妇女发展纲要（2011～2020 年）》确定了健康、教育、经济、决策与管理、社会保障、环境、法律共 7 个发展领域的主要目标和策略措施。2009 年，我国制定了"妇女小额担保贷款财政贴息政策"，截至 2014 年底，累计发放妇女小额担保贷款 2172.75 亿元，中央及地方落实财政贴息资金共计 186.81 亿元，为 459.15 万人次妇女提供了创业启动资金，辐射带动千万妇女创业就业。从妇女参政情况看，我国第十二届全国人大女代表占代表总数的 23.4%，第十二届全国政协女委员占委员总数的 17.8%，中国共产党第十八届全国代表大会中女代表的比例为 22.95%，均比上届有所提高。2013 年全国居民委员会成员中女性占 48.4%，女性进村民委员会和村党委的比例从 2008 年的 20% 左右提高到 2013 年的 93.64%，有些省市实现了村村都有女委员。

在降低儿童死亡率方面，我国为改善儿童保健提供广泛的公共卫生服务，将儿童大病纳入城乡医疗保障制度。1990 年，中国提出了"普及儿童免疫接种"的目标。在计划免疫医疗干预措施下，主要传染病死亡率及发病率大幅下降。2004 年，国务院通过了《中华人民共和国传染病防治法（修订版）》，对儿童实行免费常规免疫接种。2005 年，颁布了《疫苗流通和预防接种管理条例》，建立了儿童疾病预防接种制度。2008 年，中国扩大了国家免疫规划的疫苗种类，以保护儿童免于感染 12 种传染病。此外，我国政府与联合国儿童基金会、联合国人口基金会、世界卫生组织、世界银行等国际组织先后合作，组织开展了一系列妇幼卫生国际合作项目，产生良好效果。

在改善产妇保健方面，我国实施了"母婴安全"、"出生缺陷综合防治"、"妇女儿童疾病防治"和"妇幼卫生服务体系建设"四大行动。2009～2013 年，"降消项目"财政累计投入 25.2 亿元，覆盖 2297 个县、8.3 亿人。农村孕产妇住院分娩补助项目使 4727.8 万人从中受惠。我国已建立了以妇幼保健专业机构为核心，其他医疗机构为有效补充的妇幼卫生服务体系，基层妇幼卫生队伍建设得到大力加强，形成了比较健全的县、乡、村三级妇幼保健网，服务队伍遍及城乡。2012 年，卫生部开始大力推进妇幼卫生信息化建设。目前该系统监测区县 334 个，覆盖人口 1.4 亿，是世界上最大的妇幼卫生监测网络。同时，政府积极推进婚前与孕前保健。医学科技发展"十二五"规划将"妇女儿童保健"列入"强化保健康复，服务全民健康"任务的重点发展方向。国家卫计委牵头开展了青少年性与生殖健康宣传教育，努力倡导将青少年生殖健康服务纳入免费服务体系，国务院颁发了《流动人口计划生育工作条例》，规定流动人口在现居住地享受免费参加有关人口与计划生育法律知识和生殖健康知识普及活动，免费获得避孕药具，免费享受国家规定的其他基本项目的计划生育技术服务。

在对抗疾病方面，艾滋病成为最受重视的传染性疾病，我国于2006年初颁布了《艾滋病防治条例》和《中国遏制与防治艾滋病行动计划（2006～2010年)》。2010年以来，国务院先后颁布了《关于进一步加强艾滋病防治工作的通知》和《中国遏制与防治艾滋病"十二五"行动计划》，进一步确定了"十二五"期间中国艾滋病防控工作的目标、指标和具体措施。我国推动信息化防治工作，建立艾滋病综合防治信息系统以及艾滋病抗病毒治疗数据库，构建了覆盖重点地区和人群的艾滋病综合监测系统，实行计算机动态疫情管理。在宣传方面，我国依托政府机关、大众媒体、各类宣传员等渠道广泛开展艾滋病宣传教育活动，以提高一般人群对艾滋病的认知。中央财政专门设立艾滋病防治专项经费，2014年起开始覆盖全国，年度总经费已达26.4亿元，基本覆盖了艾滋病防治的所有领域。自2003年底开始实施的艾滋病"四免一关怀"政策多年来持续保障了艾滋病患者的就医、就学、就业等合法权益。在肺结核防治方面，政府相继实施了3个全国结核病防治规划，从2001年开始全面推行DOTS策略，2005年以来该策略的地区覆盖率一直保持在100%。全国结核病防治经费投入从2001年的1.3亿元增加到2012年的14.0亿元。2013年制定公布了《结核病防治管理办法》，进一步完善了结核病防治策略和工作机制。在疟疾防治方面，国家制订并下发了包括《中国消除疟疾行动计划（2010～2020年)》在内的多项行动计划及方案，不断加大防治疟

疾投入力度，对高度流行省份的病人提供免费抗疟疾药品。自
2008 年起，将每年的 4 月 26 日定为"全国疟疾日"，提高社会对
于消除疟疾工作的关注和支持。

在环境保护、确保环境可持续力等方面，我国的千年发展目
标完成情况并未达到令人满意的程度。其中，目标 7B 减少生物多
样性丧失的目标没有实现，目标 7D 的实施也由于快速扩张的城镇
人口而面临挑战。尽管如此，我国为生态系统的保护和实现基本
环境卫生设施覆盖依然付出了巨大的努力。

我国积极推动环境立法，于 2001 年颁布了世界上首部《防沙
治沙法》，2002 年起实施了包括《环境保护法》在内的多项法律法
规，并发布各类环保标准 209 项。2013 年 9 月和 2015 年 4 月，我
国分别发布实施了《大气污染防治行动计划》和《水污染防治行
动计划》。同时，我国还发射"环境一号" C 星，开启环境监测天
地一体化进程。扎实推进实施了蓝天科技工程、清洁空气研究计
划等重大和科研专项，积极开展生态文明建设试点。近年来，我
国也加大了生物多样性的保护力度，2013 年底，全国共建立自然
保护区 2697 个，总面积约 14631 万公顷，其中陆域面积 14175 万
公顷，建立了具有中国特色的生物多样性保护与管理体系。

城镇饮用水及污水处理方面，政府出台一系列法律法规，并
逐步提高设施建设运行标准，同时完善市场机制，保障企业正常
运营费用，并对欠发达地区给予必要的资金支持。我国自 2000 年
开始先后实施了农村饮水解困工程和农村饮水安全工程，先后实
施了《全国农村饮水解困"十五"规划（2000~2004 年）》、《全
国农村饮水解困"十一五"规划（2006~2010 年）》和《全国农
村饮水解困"十二五"规划（2011~2015 年）》，到 2015 年底已

经基本全面解决农村饮水安全问题。

在改善居民居住条件方面，我国政府成立了由 20 个职能部门参加的保障性安居工程协调小组，有序解决群众住房困难。为支持保障性住房建设及各类棚户区改造，2008 ~ 2014 年，中央财政累计安排补助资金超过 9000 亿元。

在全球合作方面，我国主动承担了与南方国家的大量沟通、合作与援助工作，积极参与全球伙伴关系的构建，作为一个人均收入并不算高的国家，中国成为全球可持续发展合作的重要参与者与推进者。

在全球与区域经济合作方面，我国先后发起或共同发起了金砖国家新开发银行、亚洲基础设施投资银行，推动深化国际货币基金组织和世界银行的进一步改革。2014 年发起成立丝路基金，向丝绸之路经济带和 21 世纪海上丝绸之路沿线国家在基础设施建设、资源开发、产业合作等方面提供投融资支持。同时，我国高度重视自由贸易区建设工作。2007 年首次明确提出"实施自由贸易区战略"，目前正在建设 19 个自贸区，涉及 32 个国家和地区。

在满足三类特殊国家①的特殊需要方面，我国海关总署采取多项举措确保零关税待遇措施顺利实施，颁布《中华人民共和国海关最不发达国家特别优惠关税待遇进口货物原产地管理办法》等署令和相关实施操作公告，为有关最不发达国家海关及签证机构官员开展相关业务培训，向有关最不发达国家免费发放统一印制的空原产地证书等。截至 2014 年底，海关总署为有关受惠国海关及签证机构官员开展了 12 期零关税待遇措施相关业务培训，对来

---

① 三类特殊国家：即最不发达国家、内陆发展中国家和小岛屿发展中国家。

自 30 余个国家的 300 余名官员进行了培训，已陆续印制并提供了 21 万份空白原产地证书。我国还先后 6 次宣布无条件免除重债穷国和最不发达国家对华到期政府无息贷款债务，累计免除 50 个重债穷国和最不发达国家债务 396 笔，金额约 300 亿元人民币。2013 年 9 月和 10 月，中国国家主席习近平在出访中亚和东南亚国家期间，先后提出共建"丝绸之路经济带"和"21 世纪海上丝绸之路"的重大倡议。

在推进与私营部门的合作方面，我国在通信技术研发与通信网络覆盖方面成绩突出。2012 年实施了"宽带普及提速工程"，2013 年又启动了"宽带中国 2013 行动计划"。为普及电信服务，积极推进农村信息化进程，中国政府还启动了"村村通工程"。截至 2014 年底，中国累计投资 900 多亿元，为 21.8 万个偏远自然村和行政村开通电话，行政村通宽带比例达到 93.5%。此外，2001 年以来，科技部通过星火计划支持地方"农技 110"和"村村通"等农技服务系统的建设。截至 2013 年底，已建设 12624 个星火服务中心或服务站点，科技信息服务范围涉及 413 个市，覆盖 12217 个乡镇和 144264 个村。

尽管中国在千年目标的实施中取得了巨大成就，但是也必须看到，中国仍然是发展中国家，人类发展水平和可持续发展能力与水平与发达国家相比，仍然存在巨大差距。经济转型和生态文明建设有助于中国稳步推进 2030 年可持续发展目标的实践，而且多数内容已经纳入五年计划和长远计划。根据"十三五"规划，中国将在 2020 年彻底消除绝对贫困，比《2030 年可持续发展议程》提前 10 年达到目标要求。中国关于应对气候变化的国家自主贡献，力度也远大于其他发展中国家。中国的"一带一路"倡议，也为相关国家共同应对气候变化实现可持续发展目标，搭建了一个极好的国际合作平台。中国倡导建立的亚洲基础设施投资银行，为亚洲和其他地区发展中国家经济发展提供了强有力的资金保障。我们有理由相信，中国在推进联合国《2030 年可持续发展议程》和落实《巴黎协定》的进程中，发挥着十分重要的推动和引领作用。

二　中国在推进可持续发展中的创新理念

将可持续发展的理念融入国家发展战略、制度建设和中长期规划中，并结合中国的实际进行理论创新，是我国推进可持续发展成果斐然的重要因素。

早在 1995 年，党的十四届五中全会就在提出"九五"计划建议时，首次明确了实行可持续发展战略，随后实现"满足当代人需求，又不损害后代人满足其需求"的可持续发展得到了国家层面的极大重视。在 1997 年党的十五大报告中，进一步提出了实施可持续发展战略，强调正确处理"经济发展同人口、环境、资源的关系"和"资源开发和节约并举"。

在 2002 年党的十六大会议中，走"生态发展、生态富裕、生态良好"的文明发展道路成为建设小康社会的四大目标之一。2007 年党的十七大，又提出"建设生态文明，基本形成节约能源资源和保护生态环境的产业结构、增长方式、消费模式"。2012 年党的十八大报告将生态文明放在突出地位，与政治、经济、文化、社会的建设形成"五位一体"的总体布局。2015 年，在党的十八届五中全会上，习近平提出了创新、协调、绿色、开放、共享"五大发展理念"，将绿色发展作为关系我国发展全局的一个重要理念。可以看到，在我国的宏观发展战略及规划上，可持续发展的理念不断深入，对于我国发展的要求，从基本的"资源节约、环境保护"扩展到经济增长方式、生产与消费等领域。在我国践行可持续发展的过程中，"生态文明"理念与"绿色发展"理念，成为重要的制度创新。

生态文明理念

2002 年，"生态文明"理念在党的十六大会议中初现雏形，2013 年，生态文明理念被写入党章——树立尊重自然、顺应自然、保护自然的生态文明理念，坚持节约资源和保护环境的基本国策，坚持节约优先、保护优先、自然恢复为主的方针，坚持生产发展、生活富裕、生态良好的文明发展道路，着力建设资源节约型、环境友好型社会，形成节约资源和保护环境的空间格局、产业结构、生产方式、生活方式，为人民创造良好生产生活环境，实现中华民族永续发展。

生态文明的内涵是人类遵循人、自然、社会和谐发展这一客观规律而取得的物质与精神成果的总和，与工业文明相对。当前普遍流行的工业文明发展范式遵从功利主义的伦理价值观，以效用或收益最大化为最终目标，因此在工业文明社会，可持续发展的定位和落脚点均在发展，主要是以经济增长来测度。这样做确实有利于消除贫困和改善民生，也具有广泛的现实政治基础和紧迫性。但在实践中，人们为实现经济目标往往会忽略环境成本和生态损失，高生产率以大量的资源消耗、污染物排放为代价，已经接近乃至超出了地球的环境承载能力，导致环境可持续性和代际公平趋于弱化。

我国在建设生态文明社会的过程中，并未完全抛弃工业文明社会的运行机制，而是创造性地在其中加入生态文明的内容，将以功利主义为基础的伦理价值转换为对自然和人的尊重，寻求生态公正和社会公正，在促进物质生产和财富积累的同时，注重生态保护、污染控制和提升自然资源利用效率。在真正的生态文明社会中，人们的一切活动都需要考虑与自然的匹配度，工业化、城镇化需要与环境容量相适应，农业现代化也需要与自然相和谐。

此外，我国的生态文明社会建设，还表现出系统性的绿色化发展。与工业文明关注绿色化呈现出碎片性的特征相比，我国在生态文明建设中将人的活动整体性地纳入低碳、绿色、循环的轨道上，寻求生产和生活方式的变革、消费理念与消费习惯的变革，以及制度体系与体制机制的变革。生态文明建设同样也重视技术创新，鼓励技术革命，并强调新技术更多的是为了提升人们的生活品质，保证生态环境的可持续。

我国在"生态文明"上的理念创新与制度创新对于全球实现《2030 年可持续发展议程》具有重要启示和借鉴意义。可以看到，《2030 年可持续发展议程》超越了工业文明发展范式下可持续发展的经济－社会－环境三大支柱格局，而力图构建人与自然和谐的5P 愿景：以人为中心、全球环境安全、经济持续繁荣、社会公正和谐和提升伙伴关系。而在工业文明范式下，无法从根本上实现可持续发展，真正的可持续发展，需要注重人与自然的和谐。在全球生态形势严峻的当下，加速从工业文明到生态文明的变革至关重要。

在更广泛的范围内全方位地实现工业文明到生态文明的转换，还需要诸多领域的变革，这就要求各国政府做出更多的努力，完善相关体制机制，引导经济社会走向。在这一方面，中国在促进生态文明建设领域进行了全方位、大力度、开创性的尝试，积累了诸多成功经验。中国目前尚处于工业化后期阶段，还没有进入后工业化，但是由于清晰地认识到了美丽中国梦有自然承载能力的刚性约束，中国正在积极主动地拥抱生态文明，引领全球生态文明建设。生态文明建设的斐然成果，正在催生一个全新的时代。到 2015 年底，中国可再生能源装机容量占全球总量的 24%，水电、风电、光伏发电装机容量均位列世界第一，发展势头强劲。中国的生态文明建设正推动着以可再生能源开发利用为基础的能源革命加速实现。

同时，这种积极的探索与突破正在产生微妙的"化学反应"，让中国可以在生态文明建设理念上创造新的智力贡献。从各国的能源转型实践来看，开发可再生能源会推高能源成本，与经济发展相悖，在全球经济陷入低迷期时，阻力不言而喻。基于此，延承着中国生态文明建设和谐、开放、共享的理念，中国国家主席习近平在 2015 年 9 月的联合国发展峰会上提出了"探讨构建全球能源互联网，推动以清洁和绿色方式满足全球电力需求"的倡议。

这是一个全新的理念与宏大的构想，有望开启应对气候变化与经济发展双赢的局面，不仅可以促成能源革命，而且会对《2030 年可持续发展议程》目标的实现提供支撑。

能源革命涉及生物质能、风能、太阳能、地热能、潮汐能等多种能源形式，技术体系是全方位、多元化、多极化的，除了可再生能源开发技术外，还会涉及储能技术、智能电网技术、能效技术等。相比于传统化石能源产业，可再生能源领域的技术研发、装备制造、安装与维护，具有大量的劳动力需求，可以更为充分地发挥能源作为一个经济部门的就业消纳功能，推动经济发展。然而，如果没有统一部署，上述种种就只是可再生能源的一种潜力，尤其对于经济落后国家更是如此。究竟该如何快速而有力地发掘这种潜力？全球能源互联网构想提供了一个思路。构建全球能源互联网，在能源供给端以可再生能源替代化石能源，在消费端以最清洁、便捷的电力代替其他用能形式，为所有能源革命相关的技术创新提供了一个统一的标准与综合利用平台，可以有导向性地促进新兴产业发展，快速形成新的经济增长点，为全球可持续发展注入新活力。另外，在全球能源互联网构想下，能源结构调整摆脱了国别限制、区域限制，实现全球能源资源的均衡、均值配置，这样一个开放、共享系统，将能源革命引向了社会化思维，所激发出来的市场活力无疑会加速能源革命乃至整个生态文明的建设。

绿色发展理念

党的十八届五中全会公报及中共中央关于"十三五"规划的建议中，绿色已经被明确为我国的五大发展理念之一，将给国民经济和社会发展带来深刻的变化，关系到我们每个人的生活、工作，影响深远，意义十分重大。

从狭义的层面上讲，绿色发展涵盖了资源节约集约利用、污染控制和生态保护三个方面。资源节约集约利用要求我们，认清资源价值不仅包含经济价值、社会价值，而且必须考虑生态价值，形成全新的资源观并以此指导和约束各种资源开发利用行为，减少对自然资源尤其是不可再生资源的消耗，提升资源利用效率，使自然资产得以保值增值。污染控制要求在生产的源头、过程和终端三管齐下，减少有害废弃物的排放，实现零排放或接近零排放。绿色是一个整体的概念，强调全过程，特别是源头的治理和控制。生态保护在"十三五"规划建议中得到了强调，即加快生态安全屏障建设。人类活动不能对生态系统只有无节制的索取，还要注意对湿地、湖泊、海洋、森林等自然生态系统实施保护，保护生物多样性。国家在这方面的行动就是主体功能区、生态功能区以及生态红线的划定，形成以青藏高原、黄土高原－川滇、东北森林带、北方防沙带、南方丘陵山地带、近岸近海生态区以及大江大河重要水系为骨架，以其他重点生态功能区为重要支撑，以禁止开发区域为重要组成部分的生态安全战略格局。

从广义的角度理解，"绿色发展"理念蕴含了经济社会发展与生态保护之间的辩证统一关系。绿色化强调，保护生态环境就是保护生产力，改善生态环境就是发展生产力。同时强调，将生态文明建设作为开发绿色资源、积累绿色资产、拓展绿色空间的发展手段和路径。因此，绿色化是一种积极、主动、进取的发展方式。

绿色发展的出发点是满足人民群众对绿色产品的需求。良好生态环境、优质绿色产品和服务已经成为人民群众最迫切的需求之一，良好生态环境是最公平的公共产品，是最普惠的民生福祉。从这个意义上来说，绿色化也有改善民生、促进社会公平的功能，而通过对生态资源的有偿使用和生态补偿等转移支付途径，有助于消除贫富差距，实现全面脱贫，对我国全方位地实现可持续发展具有重要意义。

从国际大视野来看，绿色发展或将成为新的国际话语体系。国际现行的话语体系是坚船利炮、弱肉强食的一种竞争性的工业文明话语体系，无法解决全球所面临的资源枯竭、环境污染和贫富悬殊等问题，已经难以继续维持下去了。进入 21 世纪，人类发

展的主题是绿色发展，我国倡导的绿色发展话语体系强调的是人
与自然的和谐，是每个人都应该有自己的生存空间，体现的是尊
重自然、顺应自然、保护自然，体现的是社会的公正和公平，正是
国际社会需要的一个新话语体系。我国经济总量已跃居世界第二
位，国家的综合实力和影响力大大提高，在全球经济一体化的大
背景下，我国需要进一步履行大国责任，在国际事务中，要从过
去的跟随参与逐渐向引领、主导的角色转变，而绿色理念的推出
将对展示我国的良好形象、我国拥有更多话语权和形成新的对话
机制起到十分重要的作用。这方面的工作一直在进行且已经取得
了显著的成效。如中美关于减排的承诺、国际气候谈判乃至"一
带一路"战略的推行。对中华民族的发展来说，也需要中国主导
世界新的话语体系。

　　绿色发展本身是可计量的。对生态资源，如森林、草地等有一
系列的生态价值计算方法。对此，我国已经开始尝试建立生态资源
资产负债表，实现对资源存量的量化管理。绿色发展指标体系是绿
色发展的衡量标准和重要导向，许多地区已经开始了率先探索。充
分发挥绿色发展指标体系的导向作用，未来，各地的绿色发展举措
必然会更具体，各展所长，在绿色发展的道路上走得更稳。

　　绿色发展有科学的标准可以遵循。目前已经有绿色建筑标准、
绿色工地标准、绿色制造技术标准，以及和公众日常生活息息相
关的绿色食品标准，将来绿色建材标准、绿色出版标准也有望出
台。这些相关标准的制定使绿色化在实际操作中有章可循。

　　绿色发展也是衡量改革、创新、社会治理和转型发展工作得
失的评判标准之一，它甚至被纳入领导干部行政业绩考核。绿色
首要的是理念，其中就包括了"十三五"规划建议中提到的节约

集约利用的资源观。核心在于用绿色的理念进行规划，包括产业结构、绿色清洁的能源体系、空间布局、社会治理等各方面。不能简单化地认为降低第二产业的比例即是绿色发展，而应该以其是否符合绿色低碳循环经济的要求为判断标准。

关于实现绿色发展，"十三五"规划的主要目标包括：全社会环境保护与生态建设投资在 GDP 中的占比将相应增加，达到 1.5%，在资源、能源的消耗总量和消耗强度均得到有效控制的前提下，实现经济增长、城镇人口增长、社会安定和谐。主要污染物排放总量继续减少，大气环境质量、重点流域和近岸海域水环境质量得到改善，重要江河湖泊水功能区水质达标率提高到 80% 以上，饮用水安全保障水平持续提升，土壤环境质量总体保持稳定，环境风险得到有效控制。森林覆盖率达到 23% 以上，草原综合植被覆盖度达到 56%，湿地面积不低于 8 亿亩，50% 以上可治理沙化土地得到治理，自然岸线保有率不低于 35%，生物多样性丧失速度得到基本控制，全国生态系统稳定性明显增强。

我国在实践绿色发展理念上，明确了发展是第一要务，绿色是新常态下经济发展的重要动力源泉。绿色发展要求将经济社会发展置于生态系统演进之中，打破污染与治理关系的怪圈，实现一种全新发展方式，这样的发展方式无疑将对那些在经济发展与环境保护之间艰难选择的发展中国家提供了一种全新的发展思路。

中共中央发布的《关于加快推进生态文明建设的意见》和《生态文明体制改革总体方案》，明确给出了生态文明建设和绿色发展的顶层设计和路线图，党的十八届五中全会公报和中共中央关于"十三五"规划建议中进一步指明了落实的方案。

总体来看，绿色发展的实现路径包括以下几个方面。

建立清洁低碳、安全高效的现代能源体系，从源头控制资源的利用效率、温室气体和污染物的排放。并不排斥传统能源，而是强调要高效利用。具体来讲包括提高非化石能源比重，推动煤炭等化石能源清洁高效利用。加快发展风能、太阳能、生物质能、水能、地热能，安全高效发展核电。加强储能和智能电网建设，发展分布式能源，推行节能低碳电力调度。有序开放开采权，积极开发天然气、煤层气、页岩气。改革能源体制，形成有效竞争的市场机制。

建立绿色低碳循环产业体系，这既是对存量的提升改造，也是对新增量的基本要求，通俗地讲就是要设置绿色门槛，实行绿色准入。要加快推动生产方式绿色化，打造"绿色经济"，构建科技含量高、资源消耗低、环境污染少的产业结构和生产方式，大幅提高经济绿色化的程度，实现绿色、低碳、循环以及减量、节能、控污、废弃物再利用，促进产业结构的优化调整。工业领域要在源头、生产过程和产出的全过程实现绿色化。农业要增强农业生物多样性保护和自然生态系统维护，防治土壤污染，保障粮食安全、食品安全，这里要特别提到的就是中央的"十三五"规划建议中提出要开展轮作休耕试点，对保持土壤的墒值、生态修复具有重要意义。在服务业，就是要创新新型业态等。

推动构建绿色产业体系，培育新的经济增长点。绿色化提出了新的消费需求，为绿色产业的发展提供了广阔空间。绿色产业是指采用清洁生产技术，无害或低害的新工艺、新技术，原材料和能源消耗低，少投入、高产出、低污染的产业。例如，节能服务、生活垃圾分类处理与资源再生利用、森林碳汇工程建设、绿色产品设计、绿色供应链、生态保护等，都属于绿色产业的范畴。

绿色产业自身又提出新的服务需求，孕育出新的商机，提供大量工作岗位拉动就业，形成新的经济增长点。从这个意义上说，发展绿色产业，投资绿色能源，促进绿色消费，不仅不会影响我国长期经济增长率，而且会大大提高经济增长质量和社会福利，并进一步实现经济、社会和生态系统的共赢。

绿色城镇化，包括规划、空间布局、建设、运行和治理等全方位的绿色化。我国过往的城镇化模式表现为工业化和房地产化，不计代价地招商引资使得许多城市变成大工地，快速扩张导致"千城一面"，同质化严重。这样的城镇化显然不符合绿色化的要求。绿色城镇化是一种涵盖了环境、产业、科技、人文等多种要素的现代城市发展模式，要大力发展绿色交通、绿色建筑、绿地空间，均衡配置公共资源，保障城市绿色生产、绿色生活、绿色运行。研究显示，建筑物的能耗占人类所有能源消耗的 40%，同传统建筑相比，绿色建筑可减排 35%~50% 的温室气体，对新建建筑按照低能耗、低污染、低排放的标准进行建设，老旧的小区有步骤地进行绿色化的改造，将对我国的总体减排目标的提前实现形成重要贡献。此外，党的十八届五中全会提出了"拟建设零碳排放社区"，其中零碳排放社区并不是完全没有碳排放，而是通过利用太阳能、节能建筑等手段来实现不使用煤和石油等传统化石能源，强调因地制宜的个性化设计，节能、环保、零能耗、零碳排放的智能住宅是基础。

三　中国在全球可持续发展实践中的广泛参与——以应对气候变化为例

气候变化作为一个新兴议题，影响到地球上每一个人的福祉，应对和减缓气候变化需要全球每一个国家和公民的共同努力。可以看到，国际社会围绕气候公约为核心来推动可持续发展，因此我国在应对气候变化领域的实践与影响力，很大程度上反映了我国在全球可持续发展实践中的重要地位和贡献。本节将就中国应对气候变化的政策应对、国际合作进行重点分析。

中国政府高度重视应对气候变化问题，在减缓和适应气候变化方面做了大量扎实有效的工作，担负起了一个碳排放大国应尽的职责，并在国际气候谈判中发挥着中坚力量。2014 年 9 月在联合国气候峰会上，中国国家主席习近平特使、国务院副总理张高丽全面阐述了中国应对气候变化的政策、行动及成效，并宣布中国将尽快提出 2020 年后应对气候变化行动目标，碳排放强度要显著下降，非化石能源比重要显著提高，森林蓄积量要显著增加，努力争取二氧化碳排放总量尽早达到峰值。[①] 2014 年 11 月 12 日，中国国家主席习近平和美国总统奥巴马共同发表了中美气候变化联合声明，一起确定了各自 2020 年后的目标。中国首次提出 2030 年左右二氧化碳排放达到峰值，并且努力争取早一点达到峰值，非化石能源占能源消费的比重要达到 20%，这一目标体现了我国应对气候变化的决心和信心。

2014 年 9 月，国务院批复《国家应对气候变化规划（2014 ~ 2020 年）》，再一次确认中国政府在 2009 年联合国哥本哈根气候会议前提出的减缓气候变化的目标：到 2020 年，实现单位国内生产总值二氧化碳排放比 2005 年下降 40% ~ 45%，非化石能源占一次

---

① 国家发展和改革委员会：《中国应对气候变化的政策与行动 2014 年度报告》，2014 年 11 月。

能源消费的比重达到 15% 左右，森林面积和蓄积量分别比 2005 年增加 4000 万公顷和 13 亿立方米的目标。国务院批复明确要求，本规划实施要牢固树立生态文明理念，坚持节约能源和保护环境的基本国策，统筹国内与国际、当前与长远，减缓与适应并重，坚持科技创新、管理创新和体制机制创新，健全法律法规标准和政策体系，不断调整经济结构、优化能源结构、提高能源效率、增加森林碳汇，有效控制温室气体排放，努力走一条符合中国国情的发展经济与应对气候变化双赢的可持续发展之路。

另外，应对气候变化需要各国政府改变治理方式，提升决策的科学性和领导力，采用更加灵活、参与式的治理模式。我国在国际气候合作中充分发扬和推广了气候治理的"中国特色"和"中国模式"，提升了全球话语权和影响力。

中国作为发展中国家，有限的资源既要用于自身发展，又要考虑到国际责任。应对气候变化是长期任务，需要考虑不同可持续发展目标之间的权衡和协同，包括经济发展、减排、生态保护、防灾减灾、减贫、就业等。气候变化作为新的全球治理的挑战，既需要创新和转型，也需要从现有文化和制度中寻求支持。例如，应对气候变化灾害是各国政府关注的焦点和面临的难题。中国在几千年与天灾人祸抗衡的历史上，积累了丰富的防灾减灾经验，形成了中国独特的风险文化和实践智慧。"未雨绸缪""多难兴邦""坚忍不拔""趋利避害""化危为机"等，都蕴含着独特而丰富的中国文化含义。中国自上而下的治理模式具有一些西方政治制度所无法比拟的优势。例如，中国的"群策群防""结对帮扶"等政策实践，在扶贫、救灾和灾后重建等领域发挥了积极作用，成为许多发达国家和发展中国家所推崇和借鉴的案例。

　　中国在气候公平领域的成绩和贡献。中国是受气候变化影响较大的主要区域之一，贫困地区往往也是对气候变化格外敏感的生态与环境脆弱地区。中国 592 个国家级贫困县中有 52% 位于西部地区，其中 80% 以上地处生态脆弱区。针对气候变化引发和加剧的贫困，中国在国家和地方层面积累了不少实践经验。例如，20 世纪 80 年代以来，宁夏政府先后搬迁了 85 万位于边远山区、深受气候变化影响的贫困人口，将移民工程作为解决"气候贫困"的有效举措，并且在农业适应技术、防沙治沙、建立水资源市场、实施内陆地区外向型贸易发展等方面积累了许多有益的经验。2010 年陕西省也启动了全国最大规模的生态移民项目，拟将 200 多万位于地质灾害高发、水资源短缺的农业人口搬迁安置到适宜发展的城镇化地区。《国家适应气候变化战略》中针对不同地区和领域，提出了一些值得深入推广的示范案例，可以向其他发展中国家和地区进行经验分享和技术输出。

　　支持其他发展中国家减少贫困和改善民生，是中国南南合作的主要宗旨。中国近年来，也加大了针对南方国家重大气候灾害的人道主义援助的力度。例如，2010 年至 2012 年，中国对外援建 49 个农业项目，派遣 1000 多名农业技术专家，实施一系列项目，帮助非洲和南亚等国应对粮食危机、灾后重建、稳定地区安全。这些工作对于提升发展中国家的适应能力、减少气候贫困、减轻灾害风险具有积极的贡献，在一定程度上提升了我国在国际社会中的"气候道义"。

　　国际气候谈判大会虽然每年举行，取得的突破性进展仍十分有限，发达国家与发展中国家之间的分歧依旧明显。在气候谈判中，各个国家为维护自身利益，往往最大限度地要求其他国家承担应对气候变化的责任与成本，以碳排放权为核心的气候博弈十分激烈，在关键问题上取得共识十分困难，亟须新的理论指引气候变化谈判走出困局。目前，中国生态文明建设的理论研究正在逐步深化；以节能减排、低碳经济、生态保护为着力点的生态文明实践正在深入推进；以健全评价考核、行为奖惩、责任追究为核心的生态文明的法律法规体系正在逐步完善；以划定生态保护红线、实行生态补偿、改善生态环境管理等为核心的生态文明体制建设正在逐步推进，这些探索与实践成为人类社会共有的宝贵财富。在气候变化日益严峻的大背景下，中国的生态文明理念成为全球气候治理体系中一杆鲜明的旗帜。生态文明建设中所强调的和谐、责任、可持续、福祉、整合、治理、公正、共享、包容等核心理念为全球建立新的气候变化协议提供了新的指引。中国在向世界传播生态文明的同时，也进一步推行建立崇尚节约、环保、低碳的社会风尚和生活方式，弘扬人与自然和谐发展的文化，呼吁发达国家及发展中国家积极行动起来，变"承诺"为"贡献"，真正实现全球温室气体减排目标，实现人类的可持续发展。

第八章　展望 2030 年

联合国《2030 年可持续发展议程》自通过之日起，即进入实施阶段。15 年时间，谈不上长远之未来，亦非咫尺之短期。远景只能勾勒，具有高度的不确定性；近期量力而行，目标不可能在云雾之中。介于不确定的未来与相对明确的近期规划之间，15 年以后，有多少是可以确定的，又有多少只能是期许？我们可以肯定的是，未来可持续发展的导向不可能改变，可持续发展从"环境－经济－社会"三大支柱的"三维关联"到"以人为中心、全球环境安全、经济持续繁荣、社会公正和谐和提升伙伴关系"的"五位一体"的转型进程持续推进。走向 2030 年，可能情境有多种，未来境况也不尽相同。中国生态文明建设的成功经验将有力助推全球生态文明的转型进程。

一　可持续发展的导向聚焦

可持续发展是人类社会发展阶段的必然认知，经历了一个从模糊意识到清晰确认的认识过程。可持续发展的思想可谓源远流长。中国 2000 多年前"人法地，地法天，天人合一"的东方哲学思辨，英国 19 世纪思想家在工业革命的鼎盛时期倡导人与自然和睦的"静态经济"的西方理性思考，均具有极其深刻的学理探究。马尔萨斯的"资源魔咒",引发的只是弱肉强食的殖民扩张和资源掠夺。

20 世纪 60 年代的工业污染,毒害的不是一个国家,影响的不是一代人,而且不分穷人与富人。所幸的是,科学的认知为政治决策提供了依据,但政治进程滞后于科学认识,但是,两者之间的互动促使人们对人类社会的未来进行思考。保护地球需要世界各国的共同努力。正是基于这样一种科学与决策的长期互动的结果,使 1972 年的斯德哥尔摩联合国人类环境会议,将可持续发展思想引入全球政治议程。经过 1992 年的联合国里约环境与发展会议,到 2002 年联合国约翰内斯堡可持续发展会议,历经 30 年。将政治议程变为行动进程,则是 2000 年启动的发展导向的"千年发展目标"和 2015 年通过的联合国《2030 年可持续发展议程》。从科学认知到政治决策,再到行动方案,可持续发展理念在科学认知与政治决策的互动进程中不断深化并落实到决策实践。

气候变化从科学认知到国际合作的进程,就是全球可持续发展不断往前推进的一个非常好的例证。气候变化与环境污染和生态退化所造成的影响,在时间尺度上有很大的区别。环境污染、土地沙化、物种消失,就在身边,就在眼前。而气候变化的影响是一个比较长期的过程。二氧化碳排放导致的温室效应可能引起全球变暖的后果,是国际学术界分析研究的初步结论,在 20 世纪 80 年代被提出来以后,并不能让民众和决策者立即感同身受。如果说环境问题的全球行动,从 20 世纪 50 年代的雾霾、20 世纪 60 年代的农药污染,到 2015 年,前后超过半个世纪才形成可持续发展的全球议程,气候变化的国际行动进程则要快捷得多。

1988 年,世界气象组织和联合国环境署联手成立"政府间气候变化专门委员会"(以下简称 IPCC),用了两年时间,就提出了气候变化的科学评估报告，而且结论具有非常大的不确定性。即使这样，联合国启动了《气候变化框架公约》的谈判，用了两年时间，在 1992 年联合国环境与发展里约峰会上提交签署，两年以后的 1994 年生效。然而，气候变化归因的科学确定性显然难以与环境污染和生态破坏的因果确定性相提并论。直到 1995 年 IPCC 完成第二次科学评估报告，得到的结论也只是"可以觉察到"气候变化与人类活动相关。人类活动引发温室气体排放，主要包括两个方面，一是化石能源燃烧排放的二氧化碳，二是毁林导致森林和土壤中固定的大量二氧化碳释放到大气。化石能源使用与工业化、城市化和生活水平息息相关，毁林开荒是发展中国家粮食生产增加发展用地的直接选择。

可见，应对气候变化，也是一个发展和保护的问题。1997 年，联合国气候变化会议达成《京都议定书》，规定发达国家量化减排、限排，发展中国家低碳发展。经过 8 年时间，到 2005 年，京都议定书才生效。经过 2009 年哥本哈根的失败，到 2011 年构建全球减排的"德班平台"，再到 2015 年，最终形成全球共同应对气候变化的《巴黎协定》。尽管一波三折，但《巴黎协定》明确了相对于工业革命前温升不超过 2℃、尽快实现排放峰值、21 世纪后半叶实现净的零排放的目标，是历史性的。各个国家的自主贡献可能有大有小，但全球共同努力实现控制 2℃ 温升的目标是共识，不可能放弃。

气候变化的目标是量化的、明确的、具体的，但可持续发展的目标多是定性的、相对的、导向性的。这与可持续发展的多维性、复合型相关。可持续发展作为一门新兴学科，体系不断完善，方法不断创新，需要将可持续发展的理论与实践高度融合，围绕科学认知和政策实践的相互关联，分析考察两者互动的关系和科学服务决策的可能途径。而且可持续发展实践中还不断凸显新的重大问题，包括灾害风险、海洋、可持续生产与消费等。全球可持续发展，重点、难点均在发展，尤其是最不发达国家、内陆发展中国家和小岛国。相对于气候变化，全球可持续发展的科学研究与决策实践，数据短缺也是导致可持续发展目标量化有限的直接原因。

《2030 年可持续发展议程》尽管只是一个政治共识，不具备法律约束意义，但是，导向是明确的，不可逆的；作为一种全球共识，不可能循环反复。各国的国情会有所不同，面临的挑战也可能迥然有异，但是，可持续发展的目标是确定的，不可能改变的。而且，可持续发展的目标在未来的实施进程中，还会不断聚焦，越来越多的目标会与气候变化的目标一样，具体、量化、可测度、可核认。

较之 1972 年的斯德哥尔摩人类环境会议关注和强调"环境"一个维度、1992 年联合国里约峰会"环境与发展"两个维度、2012 年联合国可持续发展峰会确认的可持续发展三大支柱"经济－社会－环境"三个维度，《2030 年可持续发展议程》所明确的5P 理念，不仅仅是认知的进化和深化，更是国际社会认同文明转型的理性升华。

这也就意味着，《2030 年可持续发展议程》的推进，将是全面的，而不是单一或有缺失的；将是有机的整体的而不是机械的相互割裂的。首先，从表现形式上看，5P 理念比三维思维更全面、更准确。以人为中心、全球环境安全，经济持续繁荣三个 P，与可持续发展在经济、社会、环境的三维是重叠的。实际上，就是在这三个维度上，5P 理念与三维思维有着巨大的区别。首先是问题的重要性或次序上。可持续发展的三大支柱是：经济发展、环境保护和社会进步。5P 理念则将人摆在了第一位，环境仅次于人，经济则是第三位的。有人说经济发展或经济繁荣是为了人和环境。但是，人的基本生存和基本需求的满足，显然是优先于经济繁荣的；而且经济繁荣并不必然意味着分配上的社会公正和生态公正。环境优先于经济发展或经济繁荣，表明环境不仅仅是经济发展的基础，环境就是民生，是民生福祉的基本内容。

其次，从要素的界定或内涵上。可持续发展支柱所包括的经济维度，强调的是经济效率、经济发展，多以经济增长作为测度，几乎没有具体涉及经济增长的前提、动力、载体和方式。在 2030 年可持续发展目标体系中，繁荣不是简单的效率、扩张或增长率，而是明确了繁荣的前提条件、动力源泉、空间载体和表现方式。目标领域 8 所描述的是繁荣的前提条件，包括体面的工作和经济增长。经济增长不能以牺牲人的尊严、人的健康为代价。童工、奴役、污染、没有防护的工作，可以创造财富，可以有经济增长，但是，这样没有人类尊严和生命安全的工作和增长，不是我们所要的，是需要排除、避免的。可见，体面的工作优先于经济增长，这是繁荣的前提条件。目标领域 9 所描绘的是繁荣的动力源泉，包括产业、创新和基础设施。没有产业，就没有就业，没有财富的生产。创新产生效率。所谓的事半功倍、物质消耗减量化、废弃物资源化，没有技术和体制机制的创新，经济不可能走向繁荣。目标领域 11 所描述的是繁荣的空间载体，城市和社区。城市让生活更美好，城市化进程不可逆转。城市人口已经超过乡村，工业、服务业在城市，许多设施农业和养殖业也毗邻城市或就在城市。服务业聚集在城市，创新的发力点自然在城市。需要说明的是，这一目标领域并没有忽略社区，特别涵盖了其他人类聚居地，包括农村。

可持续发展的环境维度，强调的是污染控制和生态保护。应该说，这是对的，因为身边的污染和破坏对居民的生活影响最直接。但是，环境是一个整体，除了居民身边的环境，对地球生命系统影响至关重大的海洋、极地和大气，对于具体的个人影响不是在眼前，不是在身边，但是，这些影响，是长远的、巨大的、不可逆的。一旦让生活在人类聚集区的民众感同身受，显然为时已晚。因而，《2030 年可持续发展议程》不只局限于狭义的环境，而是"星球"，远远超出了可持续发展支柱中的"环境"。气候变化（目标领域 13）、海洋（目标领域 14）、森林生态系统和生物多样性（目标领域 15），在可持续发展目标体系中得到了全面覆盖。人类生活排放污染也受到了关注，包括干净的水（目标领域 6）、清洁的能源（目标领域 7）。

可持续发展关于社会的维度，解读多为社会公平、代际公平。显然，这是很重要的。但是，这种表述所展示和关注的，多只是表象，没有触及根本。可持续发展，寻求的是人的公平。而平等主义是不可能的，不现实的，也是不必要的。空泛的平等具有号召力，但不具有执行力，也不可测度和核查。当今和未来社会所能够实现的公平，是人的基本生存保障以及基本教育和医疗权利。对应于三维支柱中的"社会发展"，可持续发展目标体系中所展示的是人，认定为基本保障。包括什么内容呢？在 2030 年可持续发展目标体系中具体包括：①消除贫困即无贫困（目标领域 1）；②实现零饥荒（目标领域 2）；③良好的健康和福祉（目标领域 3）；④有品质的教育（目标领域 4）；⑤性别均等（目标领域 5）。在基本生存和发展权益得到保障的基础上，还需要减轻不平等（目标领域10）。这里的不平等，是发展意义上的，减少国家之间、地区之间、行业之间的不平等。目标要求的是"减少""降低"，而不是消除，因为发展差异是存在的，不是也不能搞简单的平均主义。社会维度用公平来测度，对于当代人来讲，是一个社会存在，不可能实现绝对公平。相对公平也没有确切定义。因而，在操作上有巨大的不可行性。对于代际公平，测度和操作更困难。可持续发展目标显然超越具有道义基础但相对空泛的"社会公平"的范畴，使社会发展的可持续指标和测度更为精准、更具可操作性。而最关键的是抓住了"人的发展"。在可持续发展目标领域中，关于人的发展的指标超过指标总量的 1/3，而且重点在人的基本生存和发展权益的保障。

可持续发展的三维体系，强调和关注的经济、环境和社会三大支柱，缺乏三大支柱之间的关联和经济环境社会三个目标的保障手段。在 2030 年议程的 5P 体系中，明确增加了社会公正和谐和提升伙伴关系的内容，它们跨越经济、环境和社会单一目标，相对独立，是保障措施和手段路径。所谓社会公正和谐，体现在目标领域 16 中，包括和平、公正和制度体系。和谐是人与人、人与社会、人与自然的关系，显然不是社会进步所能涵盖的。所谓的制度体系，包括经济体制、自然资源和生态系统保护体制，以人为中心的社会公平体制，超越了狭义的社会发展的内容。所谓提升伙伴关系，是要构建一种伙伴关系（目标领域 17），需要国际治理体系的合作、国际贸易、技术、能力建设的合作，需要在所有其他可持续发展目标领域的合作，所有国家或国家集团的合作，南南合作、南北合作、南北南合作、北南北合作、双边合作、区域合作、多边合作。在可持续发展的三维体系中，也有经济、社会、环境三大支柱之间相互关联的讨论，也有的讨论中将和平、公正和制度体系纳入社会发展的范畴。

可持续发展的三维测度和目标体系最早在 1987 年的布伦特兰报告中被明确提出，15 年后在约翰内斯堡的世界可持续发展峰会上正式确认，在 2012 年的里约 +20 峰会上再次确认，但操作上的困境使得三大支柱体系步履维艰，难以就目标体系达成共识，只能授权进一步工作。三年后的 2015 年，才形成 5P 理念下的 17 个目标领域 169 个具体目标的体系。在未来可持续发展议程的实践中，以人为中心、全球环境安全，经济持续繁荣，社会公正和谐和提升伙伴关系五位一体的可持续发展转型将会取代常规的经济、环境、社会三维测度体系，整体、全面、有机推进可持续发展进程，实现可持续发展目标。

二 "固化" 格局的动态跨越

工业革命一个世纪后，也就是 19 世纪中叶以来形成的世界格局，大体包括三类，即工业化国家、独立的农业或前工业化国家，以及殖民地半殖民地国家。大体又经过一个世纪至 20 世纪中叶，殖民地半殖民地国家走向民族和政治独立，独立的农业国家或前工业化国家进入工业化、城市化进程，步入工业化的初期或中期阶段。工业化国家则整体进入后工业化阶段。从经济社会发展的视角，人类社会整体取得长足进步，福利水平得到极大提升，尽管有的提升幅度大，有的提升幅度相对较小。

考察工业革命以来的世界经济格局演化进程，尽管出现两次世界大战和无数的地区性战争、民族解放战争、民族独立战争，可以发现两个基本态势：一个是经济社会发展的整体推进，表现为一种绝对水平的不断提高，所有国家和地区的经济发展和社会福祉均有较大幅度的增加，人类物质财富得到极大的积累，对自然的利用和控制能力得到极大提升。另一个是各个国家的提升，除少数国家外，多数没有改变各自在世界格局中的相对地位。工业化国家完成工业化进程后成为后工业化的发达国家，仍然处于世界的领军地位；殖民地半殖民地国家实现民族独立但经济社会大多仍然处于相对落后的农业或前工业化社会阶段。也就是说，世界各国的发展在整体上是相对地位表现出一定固化状态下的等距离进步。

工业革命以来的这种相对地位固化与绝对状态进步的格局，在可持续发展议程的实施进程中会有可能改变吗？Sachs 等人在 2016 年基于现有数据就可持续发展的 17 大领域 169 个具体目标对各个国家相对于可持续发展目标的理想值或目标值进行了量化评估。他们将各目标值综合集成，得到一个可持续发展目标理想值的得分数。0 分为尚未起步；100 分为完全实现。限于数据的可获得性，他们只是对联合国 193 个国家中的 149 个国家进行了评估（表 8 – 1）。结果表明，北欧国家瑞典距实现可持续发展的目标最近，得分为 84.5；距可持续发展理想值最远的是中非共和国，得分只有 26.1。这些结果的含义是，发达国家如瑞典已大体接近实现了可持续发展的目标，而贫穷的非洲国家如中非共和国在可持续发展的进程中大体尚处于起步阶段。

Sachs 等人将其分析结果与联合国开发计划署（UNDP）的人类发展水平［人均收入水平、预期寿命和受教育年限集合而成的人类发展指数（HDI）］做了比较，认为两者线性相关度极高，具有一致性。为了考察各个国家可持续发展水平的相对地位的变化,我们将 Sachs 等人 SDG 指数排名,取每 30 个国家的前三名为一组,计算出三个国家的平均分数,然后将这三个国家在联合国开发计划署所测算的人类发展水平 HDI 得分和排名进行比较。然后,我们比较联合国开发计划署过去 40 年对世界各国 HDI 测算值和这些国家的相对地位的变化状况。

表 8－1　可持续发展目标实现指数与人类发展指数 (1975～2014 年)

项　　目		SDG 指数	HDI 指数		
			1975 年	1998 年	2014 年
1～3	瑞典、丹麦、挪威	83.7	0.851	0.924 (1～15)	0.925 (1～14)
31～33	立陶宛、马耳他、保加利亚	72.1	0.715	0.809 (27～60)	0.820 (37～59)
61～63	泰国、委内瑞拉、马来西亚	61.9	0.645	0.742 (61～76)	0.756 (62～93)
91～93	哥伦比亚、多米尼加、加蓬	56.8	0.634	0.666 (68～123)	0.709 (94～110)
121～123	安哥拉、卢旺达、乌干达	43.9		0.399 (158～164)	0.499 (149～163)
147～149	刚果(金)、利比里亚、中非共和国	29.3	0.374	0.401 (152～166)	0.404 (176～187)
25	美国	75.7	0.862	0.969 (3)	0.915 (8)
76	中国	59.1	0.518	0.706 (99)	0.727 (90)
110	印度	48.4	0.405	0.563 (128)	0.609 (130)
—	—	共 149 个国家	—	共 174 个国家	共 188 个国家

　　结果表明，SDG 指数值最高的三个国家，HDI 的平均得分值从 1975 年的 0.851 提升到 2014 年的 0.925，提升幅度为 0.074；位于 31～33 的较高 SDG 指数的国家，同期 HDI 值从 0.715 提高到 0.820，幅度达到 0.105；位于 61～63 的中高 SDG 指数值的国家，HDI 值从 0.645 到 0.756，增幅高达 0.111；位于 91～93 的中低 SDG 指数值的国家，HDI 值从 0.634 到 0.709，增幅减少到 0.075；位于最后的 147～149 的低 SDG 指数值国家，HDI 值从 0.374 增加到 0.404，增幅只有 0.030。如果说过去 40 年 HDI 值的变化预示着 SDG 指数值的态势的话，我们有五点发现：①所有国家都有进展；②发达国家由于接近 SDG 的理想水平，因而进展幅度收窄；③SDG 处于较高和中高排名的国家，进展幅度最大，超过发达国家和最不发达国家进展幅度的 0.5 至 2 倍；④最不发达国家 SDG 指数值处于最低水平，HDI 值也处于最低水平，进展幅度最小；⑤SDG 指数值排名各个组别国家在 HDI 组别的排名，2014 年相对于 1998 年，最高组别和最低组别的排位基本稳定，只有中高和中低组别的国家排名出现较大变化。

　　如果具体考察一下美国、中国和印度三个较大的发达和发展中经济体。美国的 SDG 指数值为 75.7，排名 25；中国 59.1，排名 76；印度 48.4，排名 110。三个国家 HDI 在 2014 年的排名地位与 SDG 指数位次，大致相对应。但是，2014 年和 1975 年比较，美国 HDI 的提升幅度只有 0.053；而同期中国为 0.209，印度 0.204，几乎是美国进展幅度的 4 倍。

　　由上述比较可以看出，过去 40 年各个国家可持续发展同样存在相对地位固化和绝对状态进步的境况。但有所不同的是，一些 SDG 指数值处于中等水平的国家进展处于稳步增加状态，相对排名位次出现跳跃式提升。如果这种趋势在《2030 年可持续发展议程》实施期间得以继续，到 2030 年，SDG 指数值高的国家将进一步提升其可持续发展水平，但增幅趋缓；最不发达国家 SDG 的实现会有所进步，但不会太大；部分中等 SDG 水平的国家，有可能实现跨越式发展，大幅提升其 SDG 的实现程度。

三 全球携手合作共赢

《2030 年可持续发展议程》明确的目标，需要全世界共同努力才能实现。各个国家面临各种不同的挑战，可持续发展目标实现的程度也不可能整齐划一；但迈向可持续发展，"一个也不能拉下"。全球加速转型发展，将有力推动可持续发展议程的实现。

尽管一些国家或地区或一些社会群体在一定范围内消除了绝对贫困，但作为一个整体，人类历史上还没有彻底消除贫困的先例。经济持续高速稳定增长提供了消除贫困的动力，但经济增长的周期性波动、周而复始和难以预见的洪涝旱灾、地质灾害、台风火灾等各种自然灾害、战乱、恐怖袭击、疾病、事故、伤害等各种人为灾难，也可能使中产家庭一夜赤贫甚至生命难保。一方面，人的发展是一种社会公共产品。基础教育、基本医疗、灾害防控等需要全社会共同负担，保障每一个人的基本生存与发展权益。另一方面，人的发展也需要高效的市场服务，尤其是巨灾保险服务，可以商业手段化解灾害损失和风险，避免因灾致贫。同时，制度保障至关重要。性别平等、义务教育、信息传播、就业促进等，需要通过立法来实现。

2030 年的环境涉及生活环境和地球环境两大类别。清新的空气和干净的水，在发达国家已经基本实现，主要困难在于发展中国家。处于工业化进程中的发展中国家空气和水污染在 2030 年可望得到基本管控，但是，不发达国家正在启动的工业化进程可能造成污染加重而难以实现可持续发展的目标。生物多样性保护、减缓气候变化、海洋资源保护，生产和消费方式的转型成为必然。可持续发展目标实现的进程，在很大程度上取决于发达国家能源转型和消费方式的改变。从千年目标执行的情况看，发达国家取得了较大的进展，但速度、规模与《2030 年可持续发展议程》目标仍然存在较大的距离。

在发达国家经济发展已经趋于饱和水平的情况下，只能通过技术创新实现经济增长。由于人口老龄化加速和金融危机的打击，发达国家的经济增长也只能维持在较低水平。新兴经济体经济增长的外溢效应不仅对发达经济体产生积极拉动，而且会惠及不发达经济体。因而，经济繁荣的程度在一定程度上取决于新兴经济体的增长速度。

可持续发展是人类社会发展的共同利益与诉求，需要每个人的参与与贡献。《2030 年可持续发展议程》，要求"一个人也不要落下"，涵盖、惠及每一个人。要关注每一个人的目标实现，也需要"一个国家也不要落下"，每一个人、每一个国家都需要做出努力，有责任担当，才能迈向可持续发展的彼岸。

"一个人也不要落下"，并不是简单的消除贫困、摆脱饥荒。以人为中心的发展、保护环境、繁荣经济、实现和谐、合作共赢，是每一个人的责任。人的尊严、生存保障、基本需求的满足，是权益，也应该是一种公共产品。根据罗尔斯的最大最小准则，社会选择的最优标准是使社会最弱势的群体的福祉达到最大化。因为在无知面纱下，谁也不能保证自己不会成为社会最弱势的一员。

从这一意义上讲，社会较为富有或较为幸运的强势群体中的个体，有改进和提升社会最弱势群体中的个体福祉水平的责任和义务。提高社会弱势群体①的能力，也有助于环境保护。这也是在经济较为发达的地区，环境和生态条件比贫困地区更好的原因，因为它们有条件、有能力、有技术保护和改善环境，修复生态。社会弱势群体的教育和身体健康条件改善了，劳动技能提升了，创造的价值也就更大了。社会个体的权利被剥夺，尊严丧失，衣食无着，很有可能成为社会负资产，人与人的和谐、人与社会的和谐、人与自然的和谐就不可能实现。从另一方面讲，社会强势或富裕群体中的个体，在推进可持续发展目标的努力中，不仅有着支持弱势个体的义务，而且有率先垂范绿色低碳消费保护环境的责任。如果富裕人群节能低碳环保，贫困群体的个体在富裕后，消费理念和行为多不会奢华浪费。因而，"一个人也不要落下"，不仅意味着不让任何一个人处于贫困状态之中，而且要求富裕群体中的个体履行职责、率先垂范。

如果说责任是每一个人的担当的话，那么，个人作为人类命运共同体中的一员，同在一个"地球村"，人类家园的毁坏，每一个人也不可避免地要承担恶果。自然灾害来袭，是不分穷人、富人的。物种消失，对穷人是一种损失，对富人同样是一种损失，可能损失的价值更大，因为富人对消失物种的利用可能更多。地球家园毁灭，"一个人也不要落下"的同义解读是"一个也不能逃脱"。不论穷人富人，需要合作保护我们共同的家园。当然，"一个也不落下"的关键是关注穷人，消除绝对贫困，并非实现平均主义。人均一天 1.9 美元，消除饥饿，享有干净的饮用水和用得起

---

① 罗尔斯：《正义论》，何怀宏等译，中国社会科学出版社，1988。

的可持续的清洁能源，是生存保障和基本发展权益。

　　贫困多数情况下不是偶发个案，而是集中连片，尤其是以国家或地区单元出现。在全球可持续发展的基本格局下，"一个也不落下"客观上要求每个国家都不应该被落下。非洲发展中国家、南亚次大陆国家，贫困发生率高，国家治理能力和资金技术不足以支撑它们实现 2030 年可持续发展目标。① 尼日利亚、刚果（金）、尼日尔、孟加拉、巴基斯坦等国，贫困发生率均在 50% 左右或更高，尼日尔甚至高达 90%，而这些国家也多是人口大国。显然这些最不发达国家在 2030 年可持续发展目标的推进过程中，困难最大。一些可持续发展处于中等水平的国家如多米尼加、牙买加，20 世纪末即已经有着中高水平的人类发展指数，在 21 世纪的 10 多年里，人类发展指数不升反降。多米尼加从 2010 年的 0.723 微降至 0.722，牙买加则从 0.727 降至 0.719。表明这些国家在可持续发展目标的实现过程中还有反复，这种反复在 2030 年议程的实施进程中，还有可能出现。甚至一些发达国家也出现人类发展指数停滞乃至倒退的情况。2010 年，希腊的人类发展指数达到 0.866，处于人类发展指数极高的水平。而 2014 年，这一数值降至 0.865。这也说明 2030 年可持续发展目标的实现，整体推进，最不发达国家进程滞缓，一些中等水平乃至于个别较高水平的发达国家，也有可能出现反复。"一个国家也不落下"，重点在不发达国家，但对处于中高水平的国家，也需要予以关注，防止出现反弹。

　　实现可持续发展，个人、企业、非政府组织、亚国家主体、国际组织，需要全面深入合作，"一个人也不要落下"。可持续发

---

　　①　UNDP：《人类发展报告》，牛津大学出版社，2015。

的国家和国际治理，需要社会各界的广泛参与与贡献，尤其是企业和地方政府，它们提供就业岗位、提供公共服务，对可持续发展目标的贡献最直接、最有效。

四　生态文明改造工业文明的价值体系

实现《2030 年可持续发展议程》，能否达到预期目标，关键在转型。2015 年 9 月在联合国总部纽约通过的《2030 年可持续发展议程》，是一项全面转型的议程，有着价值论的支撑。2015 年 12 月在《联合国气候变化框架公约》缔约方会议上达成的《巴黎协定》也是一项转型议程，即低碳、零碳转型的议程。我们的社会要摆脱碳，因为碳使得我们的社会向灾难性的方向发展，所以我们要限制碳排放，要实现向零碳社会的转型。

转型从哪儿转，转到哪里去？显然我们现在是以工业文明为主导的社会文明形态，这是转型发展的起点。人类社会正在致力于转向一个生态文明的新时代。我们现在说的生态文明是有别于工业文明的，这是两种不同的社会文明形态。所谓生态文明是相对于工业文明而论的。如果将工业文明和生态文明做一个比较，就发现两者在价值伦理观念上的巨大区别，工业文明的伦理观念是功利主义，一切讲效用，有效用就有幸福，有效用就有进步，只管人的效用，不管自然的价值，不管人类社会的未来，不管我们的子孙后代。这是工业文明的伦理价值基础。生态文明显然不是这样，强调尊重自然，顺应自然，保护自然，人与自然的和谐。我们说工业文明有它的价值理论，它的价值理论是什么呢？那就是古典经济学的劳动价值论。所谓劳动价值论，是人的具体劳动升华为社会一般劳动，人类劳动付出得到产品用以交换，从而创造价值。没有劳动，就没有价值。在古典经济学产生的西欧，空气和水是无限的，是免费的，不用来交换的，所以自然就没有价值。生态文明不仅要认可劳动价值，而且也要认可劳动不仅有正价值，也有负价值，我们很多劳动是在破坏自然、破坏环境，这样的一些价值是负向的，不是正的价值。因而具体劳动所创造的用以交换的产品，可以是"善品（Goods）"，也可能是"恶品（Bads）"。如污染排放，需要劳动付出加以消除，因而价值量是负向的。而且，生态文明的价值论还在于它对自然的价值的认可，自然的产出、生态服务，并没有人类的劳动付出，但是，它是有价值的。所以两者在价值观上有很大的不同。

另外，我们看工业文明的目标函数，是利润的最大化、财富积累的最大化，钱赚得多多益善，"人为财死"。但是我们来看生态文明，不是寻求货币收益的最大化，而是寻求生态繁荣、社会幸福、人与自然和谐可持续。可见，两者的目标也是有很大差别的。在工业文明范式下，人与人是一种什么样的关系准则呢？就是物竞天择，适者生存，就是竞争。这就是工业文明的关系准则，弱肉强食。工业革命以来我们的时代就是一个弱肉强食的时代。生态文明寻求的是什么呢？和谐。人与自然的和谐、人与人的和谐、人与社会的和谐。显然，工业文明和生态文明是有根本区别的。我们还有能源支撑系统的不一样，工业文明依赖的是存量有限、不可再生的化石能源。化石能源或早或迟会走向终结，工业文明自然而然地也会随之终结。但是我们的人类社会还会成十万年、百万年地延续下去。所以我们只能依靠生态文明、生态文明下的可再生能源。可见工业文明与生态文明的能源支撑系统是不一样的。从生产方式上看，工业文明是线形的，从原料—生产过程—产品 + 废料，生态文明寻求的是循环经济，循环再生。消费方式，一种是奢侈浪费无限制消费，一种是环境友好、健康、有品质的消费。最后，也是最重要的，就是文明形态与运行的制度保障不同。工业文明有一个很大的创举就是法制和公平，寻求经济上的一种公正，也有一定程度的社会公正，但是工业文明忽略了生态公正，生态文明重要的特点就是生态公正。古典经济学讲的分配公正，是按劳分配，即以社会必要劳动量来分配劳动的果实。由于自然或生态系统不是社会必要劳动的主体，因而，自然或生态系统不参与财富的分配。新古典经济学讲的是按要素分配，包括资本、劳动和土地。分配给资本的报酬是利息，或投资回报率，分配给劳动的是工资，分配给土地的报酬是地租。但是，地租是所有者权益，不是返还给土地让其休养生息或提高自然生产力的。简单地说，工业文明的经济学理论之核心所在，公平与效率，考虑的是劳动、资本、土地的所有者权益，自然或生态系统的效率或公正，没有被纳入考虑。而生态文明范式下的公正是生态公正，需要在资源和财富分配中，纳入自然或生态系统，从而使得自然可以休养生息，生态系统可以分享物质财富而实现系统平衡，提升和改进生态服务水平和能力，而不是将土地或自然或生态系统参与人类社会经济系统生产和消费活动应得的那份收益或酬劳，变成这些自然资产所有者权益的个人收益。

习近平总书记讲，绿水青山就是金山银山，环境就是民生，保护环境就是保护生产力，改善环境就是发展生产力，这是对马克思劳动价值论的一个创新和发展。也就是说自然是有价值的，劳动的价值只包括生产"善品"的正向的积极劳动，不包括生产"恶品"的负向劳动。

参考文献

［1］ UN，Transforming Our World：2030 Agenda for Sustainable Development，United Nations，New York，2015.

［2］ UNDP，Human Development Report，New York，2016.

［3］ UNFCCC，Paris Agreement，2015.

［4］ UNFCCC，Synthesis Report on the AggregateEffect of the Intended Nationally Determined Contributions，2015.

［5］ International Renewable Energy Agency，Renewable Energy and Jobs，Annual Review 2015，2015.

［6］ Sachs，J.，Schmidt－Traub，G.，Kroll，C.，Durand－Delacre，D. andTeksoz，K.，SDG Index and Dashboards－Global Report，New York：Bertelsmann Stiftung and Sustainable Development Solutions Network（SDSN），2016.

［7］〔英〕马尔萨斯《人口原理》，朱泱等译，商务印书馆，1992。

［8］〔美〕蕾切尔·卡森：《寂静的春天》，吕瑞兰、李长生译，上海译文出版社，2008。

［9］王谋：《通往巴黎：国际责任体系的变与不变》，载王伟光、郑国光主编《应对气候变化报告（2015）：巴黎的新起点和新希望》，社会科学文献出版社。

［10］ 潘家华:《中国的环境治理与生态建设》,中国社会科学出版
社,2015。

［11］ 侯玉卿、曹丽萍:《试论人口与可持续发展》,《保定师专学
报》1999 年第 4 期。

［12］ 朱宝树:《城乡人口结构差别和城市化的差别效应》,《华东
师范大学学报》(哲学社会科学版) 2009 年第 41 (4) 期。

［13］ UNDP:《人类发展报告》,牛津大学出版社,2015。

［14］ 罗尔斯:《正义论》,何怀宏等译,中国社会科学出版社,1988。

附 录

附录一 《2030年可持续发展议程》[①]

序 言

本议程是为人类、地球与繁荣制订的行动计划。它还旨在加强世界和平与自由。我们认识到,消除一切形式和表现的贫困,包括消除极端贫困,是世界最大的挑战,也是实现可持续发展必不可少的要求。

所有国家和所有利益攸关方将携手合作,共同执行这一计划。我们决心让人类摆脱贫困和匮乏,让地球治愈创伤并得到保护。我们决心大胆采取迫切需要的变革步骤,让世界走上可持续且具有恢复力的道路。在踏上这一共同征途时,我们保证,绝不让任何一个人掉队。

[①] 资料来源:中华人民共和国外交部国际经济司,外交部网站,http://www.fmprc.gov.cn/web/ziliao_ 674904/zt_ 674979/dnzt_ 674981/xzxzt/xpjd-mgjxgsfw_ 684149/zl/t1331382. shtml。因为属于译稿,本书引用时根据需要做了部分调整。

我们今天宣布的 17 个可持续发展目标和 169 个具体目标展现了这个新全球议程的规模和雄心。这些目标寻求巩固发展千年发展目标，完成千年发展目标尚未完成的事业。它们要让所有人享有人权，实现性别平等，增强所有妇女和女童的权能。它们是整体的，不可分割的，并兼顾了可持续发展的三个方面：经济、社会和环境。

这些目标和具体目标将促使人们在今后 15 年内，在那些对人类和地球至关重要的领域中采取行动。

人类（以人为中心）

我们决心消除一切形式和表现的贫困与饥饿，让所有人平等和有尊严地在一个健康的环境中充分发挥自己的潜能。

地球（全球环境安全）

我们决心阻止地球的退化，包括以可持续的方式进行消费和生产，管理地球的自然资源，在气候变化问题上立即采取行动，使地球能够满足今世后代的需求。

繁荣（经济持续繁荣）

我们决心让所有的人都过上繁荣和充实的生活，在与自然和谐相处的同时实现经济、社会和技术进步。

和平（社会公正和谐）

我们决心推动创建没有恐惧与暴力的和平、公正和包容的社会。没有和平，就没有可持续发展；没有可持续发展，就没有和平。

伙伴关系（提升伙伴关系）

我们决心动用必要的手段来执行这一议程，本着加强全球团结的精神，在所有国家、所有利益攸关方和全体人民参与的情况下，恢复全球可持续发展伙伴关系的活力，尤其注重满足最贫困最脆弱群体的需求。

各项可持续发展目标是相互关联和相辅相成的，对于实现新议程的宗旨至关重要。如果能在议程述及的所有领域中实现我们的雄心，所有人的生活都会得到很大改善，我们的世界会变得更加美好。

宣　言

导言

1. 我们，在联合国成立七十周年之际于 2015 年 9 月 25 日至 27 日会聚在纽约联合国总部的各国的国家元首、政府首脑和高级别代表，于今日制定了新的全球可持续发展目标。

2. 我们代表我们为之服务的各国人民，就一套全面、意义深远和以人为中心的具有普遍性和变革性的目标和具体目标，做出了一项历史性决定。我们承诺做出不懈努力，使这一议程在 2030 年前得到全面执行。我们认识到，消除一切形式和表现的贫困，包括消除极端贫困，是世界的最大挑战，对实现可持续发展必不可少。我们决心采用统筹兼顾的方式，从经济、社会和环境这三个方面实现可持续发展。我们还将在巩固实施千年发展目标成果的基础上，争取完成它们尚未完成的事业。

3. 我们决心在现在到 2030 年的这一段时间内，在世界各地消除贫困与饥饿；消除各个国家内和各个国家之间的不平等；建立和平、公正和包容的社会；保护人权和促进性别平等，增强妇女和女童的权能；永久保护地球及其自然资源。我们还决心创造条件，实现可持续、包容和持久的经济增长，让所有人分享繁荣并拥有体面工作，同时顾及各国不同的发展程度和能力。

4. 在踏上这一共同征途时，我们保证，绝不让任何一个人掉队。我们认识到，人必须有自己的尊严，我们希望实现为所有国家、所有人民和所有社会阶层制定的目标和具体目标。我们将首先尽力帮助落在最后面的人。

5. 这是一个规模和意义都前所未有的议程。它顾及各国不同的国情、能力和发展程度，尊重各国的政策和优先事项，因而得到所有国家的认可，并适用于所有国家。这些目标既是普遍性的，也是具体的，涉及每一个国家，无论它是发达国家还是发展中国家。它们是整体的，不可分割的，兼顾了可持续发展的三个方面。

6. 这些目标和具体目标是在同世界各地的民间社会和其他利益攸关方进行长达两年的密集公开磋商和意见交流，尤其是倾听最贫困最弱势群体的意见后提出的。磋商也参考借鉴了联合国大会可持续发展目标开放工作组和联合国开展的重要工作。联合国秘书长于 2014 年 12 月就此提交了一份总结报告。

愿景

7. 我们通过这些目标和具体目标提出了一个雄心勃勃的变革愿景。我们要创建一个没有贫困、饥饿、疾病、匮乏并适于万物生存的世界。一个没有恐惧与暴力的世界。一个人人都识字的世界。一个人人平等享有优质大中小学教育、卫生保健和社会保障以及身心健康和社会福祉的世界。一个我们重申我们对享有安全饮用水和环境卫生的人权的承诺和卫生条件得到改善的世界。一个有充足、安全、价格低廉和营养丰富的粮食的世界。一个有安全、充满活力和可持续的人类居住地的世界和一个人人可以获得廉价、可靠和可持续能源的世界。

8. 我们要创建一个普遍尊重人权和人的尊严、法治、公正、平等和非歧视，尊重种族、民族和文化多样性，尊重机会均等以充分发挥人的潜能和促进共同繁荣的世界。一个注重对儿童投资和让每个儿童在没有暴力和剥削的环境中成长的世界。一个每个妇女和女童都充分享有性别平等和一切阻碍女性权能的法律、社会和经济障碍都被消除的世界。一个公正、公平、容忍、开放、有社会包容性和最弱势群体的需求得到满足的世界。

9. 我们要创建一个每个国家都实现持久、包容和可持续的经济增长和每个人都有体面工作的世界。一个以可持续的方式进行生产、消费和使用从空气到土地，从河流、湖泊和地下含水层到海洋的各种自然资源的世界。一个有可持续发展，包括持久的包容性经济增长、社会发展、环境保护和消除贫困与饥饿所需要的民主、良政和法治，并有有利的国内和国际环境的世界。一个技术研发和应用顾及对气候的影响、维护生物多样性和有复原力的世界。一个人类与大自然和谐共处，野生动植物和其他物种得到保护的世界。

共同原则和承诺

10. 新议程依循《联合国宪章》的宗旨和原则，充分尊重国际法。它以《世界人权宣言》、国际人权条约、联合国《千年宣言》和 2005 年世界首脑会议成果文件为依据，并参照了《发展权利宣言》等其他文书。

11. 我们重申联合国所有重大会议和首脑会议的成果，因为它们为可持续发展奠定了坚实基础，帮助勾画这一新议程。这些会议和成果包括《关于环境与发展的里约宣言》、可持续发展问题世界首脑会议、社会发展问题世界首脑会议、《国际人口与发展会议行动纲领》《北京行动纲要》和联合国可持续发展大会。我们还重申这些会议的后续行动，包括以下会议的成果：第四次联合国最不发达国家问题会议、第三次小岛屿发展中国家问题国际会议、第二次联合国内陆发展中国家问题会议和第三次联合国世界减灾大会。

12. 我们重申《关于环境与发展的里约宣言》的各项原则，特别是宣言原则 7 提出的共同但有区别的责任原则。

13. 这些重大会议和首脑会议提出的挑战和承诺是相互关联的，需要有统筹解决办法。要有新的方法来有效处理这些挑战。在实现可持续发展方面，消除一切形式和表现的贫困，消除国家内和国家间的不平等，保护地球，实现持久、包容和可持续的经济增长和促进社会包容，是相互关联和相辅相成的。

当今所处的世界

14. 我们的会议是在可持续发展面临巨大挑战之际召开的。我们有几十亿公民仍然处于贫困之中，生活缺少尊严。国家内和国家间的不平等在增加。机会、财富和权力的差异悬殊。性别不平等仍然是一个重大挑战。失业特别是青年失业，是一个令人担忧的重要问题。全球性疾病威胁、越来越频繁和严重的自然灾害、不断升级的冲突、暴力极端主义、恐怖主义和有关的人道主义危机以及被迫流离失所，有可能使最近数十年取得的大部分发展进展功亏一篑。自然资源的枯竭和环境退化产生的不利影响，包括荒漠化、干旱、土地退化、淡水资源缺乏和生物多样性丧失，使人类面临的各种挑战不断增加和日益严重。气候变化是当今时代的最大挑战之一，它产生的不利影响削弱了各国实现可持续发展的能力。全球升温、海平面上升、海洋酸化和其他气候变化产生的影响，严重影响到沿岸地区和低洼沿岸国家，包括许多最不发达国家和小岛屿发展中国家。许多社会和各种维系地球的生物系统的生存受到威胁。

15. 但这也是一个充满机遇的时代。应对许多发展挑战的工作已经取得了重大进展，已有千百万人民摆脱了极端贫困。男女儿童接受教育的机会大幅度增加。信息和通信技术的传播和世界各地之间相互连接的加强在加快人类进步方面潜力巨大，消除数字鸿沟，创建知识社会，医药和能源等许多领域中的科技创新也有望起到相同的作用。

16. 千年发展目标是在近 15 年前商定的。这些目标为发展确立了一个重要框架，已经在一些重要领域中取得了重大进展。但是各国的进展参差不齐，非洲、最不发达国家、内陆发展中国家和小岛屿发展中国家尤其如此，一些千年发展目标仍未实现，特别是那些涉及孕产妇、新生儿和儿童健康的目标和涉及生殖健康的目标。我们承诺全面实现所有千年发展目标，包括尚未实现的目标，特别是根据相关支助方案，重点为最不发达国家和其他特殊处境国家提供更多援助。新议程巩固发展了千年发展目标，力求完成没有完成的目标，特别是帮助最弱势群体。

17. 但是，我们今天宣布的框架远远超越了千年发展目标。除了保留消贫、保健、教育以及粮食安全和营养等发展优先事项外，它还提出了各种广泛的经济、社会和环境目标。它还承诺建立更加和平、更加包容的社会。重要的是，它还提出了执行手段。新的目标和具体目标相互紧密关联，有许多贯穿不同领域的要点，体现了我们决定采用统筹做法。

新议程

18. 我们今天宣布 17 个可持续发展目标以及 169 个相关具体目标，这些目标是一个整体，不可分割。世界各国领导人此前从未承诺为如此广泛和普遍的政策议程共同采取行动和做出努力。我们正共同走上可持续发展道路，集体努力谋求全球发展，开展为世界所有国家和所有地区带来巨大好处的"双赢"合作。我们重申，每个国家永远对其财富、自然资源和经济活动充分拥有永久主权，并应该自由行使这一主权。我们将执行这一议程，全面造福今世后代所有人。在此过程中，我们重申将维护国际法，并强调，将采用信守国际法为各国规定的权利和义务的方式来执行本议程。

19. 我们重申《世界人权宣言》以及其他涉及人权和国际法的国际文书的重要性。我们强调，所有国家都有责任根据《联合国宪章》尊重、保护和促进所有人的人权和基本自由，不论其种族、肤色、性别、语言、宗教、政治或其他见解、国籍或社会出身、财产、出生、残疾或其他身份等任何区别。

20. 实现性别平等和增强妇女和女童权能将大大促进我们实现所有目标和具体目标。如果人类中有一半人仍然不能充分享有人权和机会，就无法充分发挥人的潜能和实现可持续发展。妇女和女童必须能平等地接受优质教育，获得经济资源和参政机会，并能在就业、担任各级领导和参与决策方面，享有与男子和男童相同的机会。我们将努力争取为缩小两性差距大幅增加投入，在性别平等和增强妇女权能方面，在全球、区域和国家各级进一步为各机构提供支持。将消除对妇女和女童的一切形式歧视和暴力，包括通过让男子和男童参与。在执行本议程过程中，必须有系统地顾及性别平等因素。

21. 新的目标和具体目标将在 2016 年 1 月 1 日生效，是我们在今后 15 年内决策的指南。我们会在考虑到本国实际情况、能力和发展程度的同时，依照本国的政策和优先事项，努力在国家、区域和全球各级执行本议程。我们将在继续遵循相关国际规则和承诺的同时，保留国家政策空间，以促进持久、包容和可持续的经济增长，特别是发展中国家的增长。我们同时承认区域和次区域因素、区域经济一体化和区域经济关联性在可持续发展过程中的重要性。区域和次区域框架有助于把可持续发展政策切实变为各国的具体行动。

22. 每个国家在寻求可持续发展过程中都面临具体的挑战。尤其需要关注最脆弱国家，特别是非洲国家、最不发达国家、内陆发展中国家和小岛屿发展中国家，也要关注冲突中和冲突后国家。许多中等收入国家也面临重大挑战。

23. 必须增强弱势群体的权能。其需求被列入本议程的人包括所有的儿童、青年、残疾人（他们有80%的人生活在贫困中）、艾滋病毒/艾滋病感染者、老人、土著居民、难民和境内流离失所者以及移民。我们决心根据国际法进一步采取有效措施和行动，消除障碍和取消限制，进一步提供支持，满足生活在有复杂的人道主义紧急情况地区和受恐怖主义影响地区人民的需求。

24. 我们承诺消除一切形式和表现的贫困，包括到2030年时消除极端贫困。必须让所有人的生活达到基本标准，包括通过社会保障体系做到这一点。我们决心优先消除饥饿，实现粮食安全，并决心消除一切形式的营养不良。我们为此重申世界粮食安全委员会需要各方参与并发挥重要作用，欢迎《营养问题罗马宣言》和《行动框架》。我们将把资源用于发展中国家的农村地区和可持续农业与渔业，支持发展中国家、特别是最不发达国家的小户农民（特别是女性农民）、牧民和渔民。

25. 我们承诺在各级提供包容和平等的优质教育——幼儿教育、小学、中学和大学教育、技术和职业培训。所有人，特别是处境困难者，无论性别、年龄、种族、族裔为何，无论是残疾人、移民还是土著居民，无论是儿童还是青年，都应有机会终身获得教育，掌握必要知识和技能，充分融入社会。我们将努力为儿童和青年提供一个有利于成长的环境，让他们充分享有权利和发挥能力，帮助各国享受人口红利，包括保障学校安全，维护社区和家庭的和谐。

26. 为了促进身心健康，延长所有人的寿命，我们必须实现全民健康保险，让人们获得优质医疗服务，不遗漏任何人。我们承诺加快在减少新生儿、儿童和孕产妇死亡率方面的进展，到 2030 年时将所有可以预防的死亡减至零。我们承诺让所有人获得性保健和生殖保健服务，包括计划生育服务，提供信息和教育。我们还会同样加快在消除疟疾、艾滋病毒/艾滋病、肺结核、肝炎、埃博拉和其他传染疾病、流行病方面的进展，包括处理抗生素耐药性不断增加的问题和在发展中国家肆虐的疾病得不到关注的问题。我们承诺预防和治疗非传染性疾病，包括行为、发育和神经系统疾病，因为它们是对可持续发展的一个重大挑战。

27. 我们将争取为所有国家建立坚实的经济基础。实现繁荣必须有持久、包容和可持续的经济增长。只有实现财富分享，消除收入不平等，才能有经济增长。我们将努力创建有活力、可持续、创新和以人为中心的经济，促进青年就业和增强妇女经济权能，特别是让所有人都有体面的工作。我们将消灭强迫劳动和人口贩卖，消灭一切形式的童工。劳工队伍身体健康，受过良好教育，拥有从事让人身心愉快的生产性工作的必要知识和技能，并充分融入社会，将会使所有国家受益。我们将加强所有最不发达国家所有行业的生产能力，包括进行结构改革。我们将采取政策提高生产能力、生产力和生产性就业；为贫困和低收入者提供资金；发展可持续农业、牧业和渔业；实现可持续工业发展；让所有人获得廉价、可靠、可持续的现代能源服务；建设可持续交通系统，建立质量高和复原能力强的基础设施。

28. 我们承诺从根本上改变我们的社会生产和消费商品及服务的方式。各国政府、国际组织、企业界和其他非国家行为体、个人必须协助改变不可持续的生产和消费模式，包括推动利用所有来源提供财务和技术援助，加强发展中国家的科学技术能力和创新能力，以便采用更可持续的生产和消费模式。我们鼓励执行《可持续消费和生产模式方案十年框架》。所有国家都要采取行动，发达国家要发挥带头作用，同时要考虑到发展中国家的发展水平和能力。

29. 我们认识到，移民对包容性增长和可持续发展做出了积极贡献。我们还认识到，跨国移民实际上涉及多种因素，对于原籍国、过境国和目的地国的发展具有重大影响，需要有统一和全面的对策。我们将在国际上开展合作，确保安全、有序的定期移民，充分尊重人权，不论移民状况如何都人道地对待移民，并人道地对待难民和流离失所者。这种合作应能加强收容难民的社区，特别是发展中国家收容社区的活力。我们强调移民有权返回自己的原籍国，并议及各国必须以适当方式接受回返的本国国民。

30. 我们强烈敦促各国不颁布和不实行任何不符合国际法和《联合国宪章》，阻碍各国特别是发展中国家全面实现经济和社会发展的单方面经济、金融或贸易措施。

31. 我们确认《联合国气候变化框架公约》（以下简称《公约》）是谈判确定全球气候变化对策的首要国际政府间论坛。我们决心果断应对气候变化和环境退化带来的威胁。气候变化是全球性的，要开展最广泛的国际合作来加速解决全球温室气体减排和适应问题以应对气候变化的不利影响。我们非常关切地注意到，《公约》缔约方就到 2020 年全球每年温室气体排放量做出的减缓承诺的总体效果与可能将全球平均温升控制在比实现工业化前高 2℃或 1.5℃之内而需要达到的整体排放路径相比，仍有巨大的差距。

32. 展望将于巴黎举行的第 21 次缔约方大会，我们特别指出，所有国家都承诺努力达成一项有雄心的、普遍适用的气候协定。我们重申，《公约》之下对所有缔约方适用的议定书、另一份法律文书或有某种法律约束力的议定结果，应平衡减缓、适应、资金、技术开发与转让、能力建设以及行动和支持的透明度等问题。

33. 我们确认，社会和经济发展离不开对地球自然资源的可持续管理。因此，我们决心保护和可持续利用海洋、淡水资源以及森林、山地和旱地，保护生物多样性、生态系统和野生动植物。我们还决心促进可持续旅游，解决缺水和水污染问题，加强在荒漠化、沙尘暴、土地退化和干旱问题上的合作，加强灾后恢复能力和减少灾害风险。在这方面，我们对预定于 2016 年在墨西哥举行的生物多样性公约第十三次缔约方会议充满期待。

34. 我们确认，可持续的城市发展和管理对于我们人民的生活质量至关重要。我们将同地方当局和社区合作，规划我们的城市和人类住区，重新焕发它们的活力，以促进社区凝聚力和人身安全，推动创新和就业。我们将减少由城市活动和危害人类健康、环境的化学品所产生的不利影响，包括以对环境无害的方式管理和安全使用化学品，减少废物，回收废物和提高水、能源的使用效率。我们将努力把城市对全球气候系统的影响降到最低限度。我们还会在我们的国家、农村和城市发展战略与政策中考虑人口趋势和人口预测。我们对即将在基多举行的第三次联合国住房与可持续城市发展会议充满期待。

35. 没有和平与安全，可持续发展无法实现；没有可持续发展，和平与安全也将面临风险。新议程确认，需要建立和平、公正和包容的社会，在这一社会中，所有人都能平等诉诸法律，人权（包括发展权）得到尊重，在各级实行有效的法治和良政，并有透明、有效和负责的机构。本议程论及各种导致暴力、不安全与不公正的因素，如不平等、腐败、治理不善以及非法的资金和武器流动。我们必须加倍努力，解决或防止冲突，向冲突后国家提供支持，包括确保妇女在建设和平和国家建设过程中发挥作用。我们呼吁依照国际法进一步采取有效的措施和行动，消除处于殖民统治和外国占领下的人民充分行使自决权的障碍，因为这些障碍影响他们的经济和社会发展，以及他们的环境。

36. 我们承诺促进不同文化间的理解、容忍、相互尊重，确立全球公民道德和责任共担。我们承认自然和文化多样性，认识到所有文化与文明都能推动可持续发展，是可持续发展的重要推动力。

37. 体育也是可持续发展的一个重要推动力。我们确认，体育对实现发展与和平的贡献越来越大，因为体育促进容忍和尊重，增强妇女和青年、个人和社区的权能，有助于实现健康、教育和社会包容方面的目标。

38. 我们根据《联合国宪章》重申尊重各国的领土完整和政治独立的必要性。

执行手段

39. 新议程规模宏大，雄心勃勃，因此需要恢复全球伙伴关系的活力，以确保它得到执行。我们将全力以赴。这一伙伴关系将发扬全球团结一致的精神，特别是要与最贫困的人和境况脆弱的人同舟共济。这一伙伴关系将推动全球高度参与，把各国政府、私营部门、民间社会、联合国系统和其他各方召集在一起，调动现有的一切资源，协助落实所有目标和具体目标。

40. 目标 17 和每一个可持续发展目标下关于执行手段的具体目标是实现我们议程的关键，它们对其他目标和具体目标也同样重要。我们可以在 2015 年 7 月 13~16 日在亚的斯亚贝巴举行的第三次发展筹资国际会议成果文件提出的具体政策和行动的支持下，在重振活力的可持续发展全球伙伴关系框架内实现本议程，包括可持续发展目标。我们欢迎大会审核可作为《2030 年可持续发展议程》组成部分的《亚的斯亚贝巴行动议程》。我们确认，全面执行《亚的斯亚贝巴行动议程》对于实现可持续发展目标和具体目标至关重要。

41. 我们确认各国对本国经济和社会发展负有首要责任。新议程阐述了落实各项目标和具体目标所需要的手段。我们确认，这些手段包括调动财政资源，开展能力建设，以优惠条件向发展中国家转让对环境无害的技术，包括按照相互商定的减让和优惠条件进行转让。国内和国际公共财政将在提供基本服务和公共产品以及促进从其他来源筹资方面起关键作用。我们承认，私营部门——从微型企业、合作社到跨国公司——民间社会组织和慈善组织将在执行新议程方面发挥作用。

42. 我们支持实施相关的战略和行动方案，包括《伊斯坦布尔宣言和行动纲领》《小岛屿发展中国家快速行动方式（萨摩亚途径)》《内陆发展中国家 2014～2024 年十年维也纳行动纲领》，重申必须支持非洲联盟 2063 年议程和非洲发展新伙伴关系方案，因为它们都是新议程的组成部分。我们认识到，在冲突和冲突后国家实现持久和平与可持续发展面临很大挑战。

43. 我们强调，国际公共资金对各国筹集国内公共资源的努力发挥着重要补充作用，对国内资源有限的最贫困和最脆弱国家而言尤其如此。国际公共资金包括官方发展援助的一个重要用途是促进从其他公共和私人来源筹集更多的资源。官方发展援助提供方再次做出各自承诺，包括许多发达国家承诺实现对发展中国家的官方发展援助占其国民总收入的 0.7%，对最不发达国家的官方发展援助占其国民总收入的 0.15%～0.20% 的目标。

44. 我们确认，国际金融机构必须按照其章程支持各国特别是发展中国家享有政策空间。我们承诺扩大和加强发展中国家——包括非洲国家、最不发达国家、内陆发展中国家、小岛屿发展中国家和中等收入国家——在国际经济决策、规范制定和全球经济治理方面的话语权和参与度。

45. 我们还确认，各国议会在颁布法律、制定预算和确保有效履行承诺方面发挥重要作用。各国政府和公共机构还将与区域和地方当局、次区域机构、国际机构、学术界、慈善组织、志愿团体以及其他各方密切合作，开展执行工作。

46. 我们着重指出，一个资源充足、切合实际、协调一致、高效率和高成效的联合国系统在支持实现可持续发展目标和可持续发展方面发挥着重要作用并拥有相对优势。我们强调，必须加强各国在国家一级的自主权和领导权，并支持经社理事会目前就联合国发展系统在本议程中的长期地位问题开展的对话。

后续落实和评估

47. 各国政府主要负责在今后 15 年内落实和评估国家、区域和全球各级落实各项目标和具体目标的进展。为了对我们的公民负责，我们将按照本议程和《亚的斯亚贝巴行动议程》的规定，系统进行各级的后续落实和评估工作。联合国大会和经社理事会主办的高级别政治论坛将在监督全球的后续落实和评估工作方面起核心作用。

48. 我们正在编制各项指标，以协助开展这项工作。我们需要优质、易获取、及时和可靠的分类数据，帮助衡量进展情况，不让任何一个人掉队。这些数据对决策至关重要。应尽可能利用现有报告机制提供的数据和资料。我们同意加紧努力，加强发展中国家，特别是非洲国家、最不发达国家、内陆发展中国家、小岛屿发展中国家和中等收入国家的统计能力。我们承诺制定更广泛的衡量进展的方法，对国内生产总值这一指标进行补充。

行动起来，变革我们的世界

49. 70 年前，老一代世界领袖齐聚一堂，创建了联合国。他们在世界四分五裂的情况下，在战争的废墟中创建了联合国，确立了本组织必须依循和平、对话和国际合作的价值观。《联合国宪章》就是这些价值观至高无上的体现。

50. 今天，我们也在做出具有重要历史意义的决定。我们决心为所有人，包括为数百万被剥夺机会而无法过上体面、有尊严、有意义的生活和无法充分发挥潜力的人，建设一个更美好的未来。我们可以成为成功消除贫困的第一代人；我们也可能是有机会拯救地球的最后一代人。如果我们能够实现我们的目标，那么世界将在 2030 年变得更加美好。

51. 我们今天宣布的今后 15 年的全球行动议程，是 21 世纪人类和地球的章程。儿童和男女青年是变革的重要推动者，他们将在新的目标中找到一个平台，用自己无穷的活力来创造一个更美好的世界。

52. "我联合国人民"是《联合国宪章》的开篇名言。今天踏上通往 2030 年征途的，正是"我联合国人民"。与我们一起踏上征途的有各国政府及议会、联合国系统和其他国际机构、地方当局、土著居民、民间社会、工商业和私营部门、科学和学术界，还有全体人民。数百万人已经参加了这一议程的制定并将其视为自己的议程。这是一个民有、民治和民享的议程，我们相信它一定会取得成功。

53. 我们把握着人类和地球的未来。今天的年轻人也把握着人类和地球的未来，他们会把火炬继续传下去。我们已经绘制好可持续发展的路线，接下来要靠我们大家来圆满完成这一征程，并保证不会丧失已取得的成果。

可持续发展目标和具体目标

54. 在进行各方参与的政府间谈判后，我们根据可持续发展目标开放工作组的建议（建议起始部分介绍了建议的来龙去脉）①，商定了下列目标和具体目标。

55. 可持续发展目标和具体目标是一个整体，不可分割，是全

---

① 见大会可持续发展目标开放工作组的报告（A/68/970 和 Corr. 1，另见 A/68/970/Add. 1 和 2）。

球性和普遍适用的，兼顾各国的国情、能力和发展水平，并尊重各国的政策和优先事项。具体目标是人们渴望达到的全球性目标，由各国政府根据国际社会的总目标，兼顾本国国情制定。各国政府还将决定如何把这些激励人心的全球目标列入本国的规划工作、政策和战略。必须认识到，可持续发展与目前在经济、社会和环境领域中开展的其他相关工作相互关联。

56. 我们在确定这些目标和具体目标时认识到，每个国家都面临实现可持续发展的具体挑战，我们特别指出最脆弱国家，尤其是非洲国家、最不发达国家、内陆发展中国家和小岛屿发展中国家面临的具体挑战，以及中等收入国家面临的具体挑战。我们还要特别关注陷入冲突的国家。

57. 我们认识到，仍无法获得某些具体目标的基线数据，我们呼吁进一步协助加强会员国的数据收集和能力建设工作，以便在缺少这类数据的国家制定国家和全球基线数据。我们承诺将填补数据收集的空白，以便在掌握更多信息的情况下衡量进展，特别是衡量那些没有明确数字指标的具体目标的进展。

58. 我们鼓励各国在其他论坛不断做出努力，处理好可能对执行本议程构成挑战的重大问题；并且尊重这些进程的独立授权。我们希望议程和议程的执行工作支持而不是妨碍其他这些进程以及这些进程做出的决定。

59. 我们认识到，每一国家可根据本国国情和优先事项，采用不同的方式、愿景、模式和手段来实现可持续发展；我们重申，地球及其生态系统是我们共同的家园，"地球母亲"是许多国家和地区共同使用的表述。

可持续发展目标

目标 1. 在全世界消除一切形式的贫困

目标 2. 消除饥饿，实现粮食安全，改善营养状况和促进可持续农业

目标 3. 确保健康的生活方式，促进各年龄段人群的福祉

目标 4. 确保包容和公平的优质教育，让全民终身享有学习机会

目标 5. 实现性别平等，增强所有妇女和女童的权能

目标 6. 为所有人提供水和环境卫生并对其进行可持续管理

目标 7. 确保人人获得负担得起的、可靠和可持续的现代能源

目标 8. 促进持久、包容和可持续的经济增长，促进充分的生产性就业和人人获得体面工作

目标 9. 建造具备抵御灾害能力的基础设施，促进具有包容性

的可持续工业化，推动创新

目标 10. 减少国家内部和国家之间的不平等

目标 11. 建设包容、安全、有抵御灾害能力和可持续的城市和
人类住区

目标 12. 采用可持续的消费和生产模式

目标 13. 采取紧急行动应对气候变化及其影响

目标 14. 保护和可持续利用海洋和海洋资源以促进可持续发展

目标 15. 保护、恢复和促进可持续利用陆地生态系统，可持续
管理森林，防治荒漠化，制止和扭转土地退化，遏制生物多样性
的丧失

目标 16. 创建和平、包容的社会以促进可持续发展，让所有人
都能诉诸司法，在各级建立有效、负责和包容的机构

目标 17. 加强执行手段，重振可持续发展全球伙伴关系

目标 1. 在全世界消除一切形式的贫困

1.1 　到 2030 年，在全球所有人口中消除极端贫困。极端贫困

目前的衡量标准是每人每日生活费不足 1.25 美元

1.2　到 2030 年，按各国标准界定的陷入各种形式贫困的各年龄段男女和儿童至少减半

1.3　执行适合本国国情的全民社会保障制度和措施，包括最低标准，到 2030 年在较大程度上覆盖穷人和弱势群体

1.4　到 2030 年，确保所有男女，特别是穷人和弱势群体，享有平等获取经济资源的权利，享有基本服务，获得对土地和其他形式财产的所有权和控制权，继承遗产，获取自然资源、适当的新技术和包括小额信贷在内的金融服务

1.5　到 2030 年，增强穷人和弱势群体的抵御灾害能力，降低其遭受极端天气事件和其他经济、社会、环境冲击和灾害的概率和易受影响程度

1.a　确保从各种来源，包括通过加强发展合作充分调集资源，为发展中国家，特别是最不发达国家提供充足、可预见的手段以执行相关计划和政策，消除一切形式的贫困

1.b　根据惠及贫困人口和顾及性别平等问题的发展战略，在国家、区域和国际层面制定合理的政策框架，支持加快对消贫行动的投资

目标 2. 消除饥饿，实现粮食安全，改善营养状况和促进可持续农业

2.1　到 2030 年，消除饥饿，确保所有人，特别是穷人和弱势群体，包括婴儿，全年都有安全、营养和充足的食物

2.2　到 2030 年，消除一切形式的营养不良，包括到 2025 年实现 5 岁以下儿童发育迟缓和体重不足问题相关国际目标，解决青春期少女、孕妇、哺乳期妇女和老年人的营养需求

2.3　到 2030 年，实现农业生产力翻倍和小规模粮食生产者，特别是妇女、土著居民、农户、牧民和渔民的收入翻番，具体做法包括确保平等地获得土地、其他生产资源和要素、知识、金融服务、市场以及增值和非农就业机会

2.4　到 2030 年，确保建立可持续粮食生产体系并执行具有抗灾能力的农作方法，以提高生产力和产量，帮助维护生态系统，加强适应气候变化、极端天气、干旱、洪涝和其他灾害的能力，逐步改善土地和土壤质量

2.5　到 2020 年，通过在国家、区域和国际层面建立管理得当、多样化的种子和植物库，保持种子、种植作物、养殖和驯养的动物及与之相关的野生物种的基因多样性；根据国际商定原则获取及公正、公平地分享利用基因资源和相关传统知识产生的惠益

2.a 通过加强国际合作等方式，增加对农村基础设施、农业研究和推广服务、技术开发、植物和牲畜基因库的投资，以增强发展中国家，特别是最不发达国家的农业生产能力

2.b 根据多哈发展回合授权，纠正和防止世界农业市场上的贸易限制和扭曲，包括同时取消一切形式的农业出口补贴和具有相同作用的所有出口措施

2.c 采取措施，确保粮食商品市场及其衍生工具正常发挥作用，确保及时获取包括粮食储备量在内的市场信息，限制粮价剧烈波动

目标 3. 确保健康的生活方式，促进各年龄段人群的福祉

3.1 到 2030 年，全球孕产妇每 10 万例活产的死亡率降至 70 人以下

3.2 到 2030 年，消除新生儿和 5 岁以下儿童可预防的死亡，各国争取将新生儿每 1000 例活产的死亡率至少降至 12 例，5 岁以下儿童每 1000 例活产的死亡率至少降至 25 例

3.3 到 2030 年，消除艾滋病、结核病、疟疾和被忽视的热带疾病等流行病，防治肝炎、水传播疾病和其他传染病

3.4 到 2030 年，通过预防、治疗及促进身心健康和精神福

祉，将非传染性疾病导致的过早死亡减少 1/3

3.5 加强对滥用药物包括滥用麻醉药品和有害使用酒精的预防和治疗

3.6 到 2020 年，全球公路交通事故造成的死伤人数减半

3.7 到 2030 年，确保普及性健康和生殖健康保健服务，包括计划生育、信息获取和教育，将生殖健康纳入国家战略和方案

3.8 实现全民健康保障，包括提供金融风险保护，人人享有优质的基本保健服务，人人获得安全、有效、优质和负担得起的基本药品和疫苗

3.9 到 2030 年，大幅减少危险化学品以及空气、水和土壤污染导致的死亡和患病人数

3.a 酌情在所有国家加强执行《世界卫生组织烟草控制框架公约》

3.b 支持研发主要影响发展中国家的传染和非传染性疾病的疫苗和药品，根据关于与贸易有关的知识产权协议与公共健康的《多哈宣言》的规定，提供负担得起的基本药品和疫苗，《多哈宣言》确认发展中国家有权充分利用《与贸易有关的知识产权协议》中关于采用变通办法保护公众健康，尤其是让所有人获得药品的条款

3.c 大幅加强发展中国家，尤其是最不发达国家和小岛屿发展中国家的卫生投资，增加其卫生工作者的招聘、培养、培训和留用

3.d 加强各国，特别是发展中国家早期预警、减少风险，以及管理国家和全球健康风险的能力

目标 4. 确保包容和公平的优质教育，让全民终身享有学习机会

4.1 到 2030 年，确保所有男女童完成免费、公平和优质的中小学教育，并取得相关和有效的学习成果

4.2 到 2030 年，确保所有男女童获得优质幼儿发展、看护和学前教育，为他们接受初级教育做好准备

4.3 到 2030 年，确保所有男女平等获得负担得起的优质技术、职业和高等教育，包括大学教育

4.4 到 2030 年，大幅增加掌握就业、体面工作和创业所需相关技能，包括技术性和职业性技能的青年和成年人人数

4.5 到 2030 年，消除教育中的性别差距，确保残疾人、土著居民和处境脆弱儿童等弱势群体平等获得各级教育和职业培训

4.6 到 2030 年，确保所有青年和大部分成年男女具有识字和计算能力

4.7 到 2030 年，确保所有进行学习的人都掌握可持续发展所需的知识和技能，具体做法包括开展可持续发展、可持续生活方式、人权和性别平等方面的教育，弘扬和平和非暴力文化，提升全球公民意识，以及肯定文化多样性和文化对可持续发展的贡献

4.a 建立和改善兼顾儿童、残疾和性别平等的教育设施，为所有人提供安全、非暴力、包容和有效的学习环境

4.b 到 2020 年，在全球范围内大幅增加发达国家和部分发展中国家为发展中国家，特别是最不发达国家、小岛屿发展中国家和非洲国家提供的高等教育奖学金数量，包括职业培训和信息通信技术、技术、工程、科学项目的奖学金

4.c 到 2030 年，大幅增加合格教师人数，具体做法包括在发展中国家，特别是最不发达国家和小岛屿发展中国家开展师资培训方面的国际合作

目标 5. 实现性别平等，增强所有妇女和女童的权能

5.1 在全球消除对妇女和女童一切形式的歧视

5.2 消除公共和私营部门针对妇女和女童一切形式的暴力行为，包括贩卖、性剥削及其他形式的剥削

5.3 消除童婚、早婚、逼婚及割礼等一切伤害行为

5.4 认可和尊重无偿护理和家务人员，各国可视本国情况提供公共服务、基础设施和社会保护政策，在家庭内部提倡责任共担

5.5 确保妇女全面有效参与各级政治、经济和公共生活决策，并享有进入以上各级决策领导层的平等机会

5.6 根据《国际人口与发展会议行动纲领》和《北京行动纲领》及其历次审查会议的成果文件，确保普遍享有性和生殖健康以及生殖权利

5.a 根据各国法律进行改革，给予妇女平等获取经济资源的权利，以及享有对土地和其他形式财产的所有权和控制权，获取金融服务、遗产和自然资源

5.b 加强技术特别是信息通信技术的应用，以增强妇女权能

5.c 采用和加强合理的政策以及有执行力的立法，促进性别平等，在各级增强妇女和女童权能

目标 6. 为所有人提供水和环境卫生并对其进行可持续管理

6.1 到 2030 年，人人普遍和公平获得安全和负担得起的饮用水

6.2 到 2030 年，人人享有适当和公平的环境卫生和个人卫生，杜绝露天排便，特别注意满足妇女、女童和弱势群体在此方

面的需求

6.3 到 2030 年，通过以下方式改善水质：减少污染，消除倾倒废物现象，把危险化学品和材料的排放减少到最低限度，将未经处理废水比例减半，大幅增加全球废物回收和安全再利用

6.4 到 2030 年，所有行业大幅提高用水效率，确保可持续取用和供应淡水，以解决缺水问题，大幅减少缺水人数

6.5 到 2030 年，在各级进行水资源综合管理，包括酌情开展跨境合作

6.6 到 2020 年，保护和恢复与水有关的生态系统，包括山地、森林、湿地、河流、地下含水层和湖泊

6.a 到 2030 年，扩大向发展中国家提供国际合作和能力建设支持，帮助它们开展与水和卫生有关的活动和方案，包括雨水采集、海水淡化、提高用水效率、废水处理、水回收和再利用技术

6.b 支持和加强地方社区参与改进水和环境卫生管理

目标 7. 确保人人获得负担得起的、可靠和可持续的现代能源

7.1 到 2030 年，确保人人都能获得负担得起的、可靠的现代能源服务

7.2　到 2030 年，大幅增加可再生能源在全球能源结构中的比例

7.3　到 2030 年，全球能效改善率提高一倍

7.a　到 2030 年，加强国际合作，促进获取清洁能源的研究及技术，包括可再生能源、能效，以及先进和更清洁的化石燃料技术，并促进对能源基础设施和清洁能源技术的投资

7.b　到 2030 年，增建基础设施并进行技术升级，以便根据发展中国家，特别是最不发达国家、小岛屿发展中国家和内陆发展中国家各自的支持方案，为所有人提供可持续的现代能源服务

目标 8. 促进持久、包容和可持续的经济增长，促进充分的生产性就业和人人获得体面工作

8.1　根据各国国情维持人均经济增长，特别是将最不发达国家国内生产总值年增长率至少维持在 7%

8.2　通过多样化经营、技术升级和创新，包括重点发展高附加值和劳动密集型行业，实现更高水平的经济生产力

8.3　推行以发展为导向的政策，支持生产性活动、体面就业、创业精神、创造力和创新；鼓励微型和中小型企业通过获取金融服务等方式实现正规化并成长壮大

8.4 到 2030 年，逐步改善全球消费和生产的资源使用效率，按照《可持续消费和生产模式方案十年框架》，努力使经济增长和环境退化脱钩，发达国家应在上述工作中做出表率

8.5 到 2030 年，绝对保障所有男女，包括青年和残疾人实现充分和生产性就业，有体面工作，并做到同工同酬

8.6 到 2020 年，大幅减少未就业和未受教育或培训的青年人比例

8.7 立即采取有效措施，绝对清除强制劳动、现代奴隶制和贩卖人口，禁止和消除最恶劣形式的童工，包括招募和利用童兵，到 2025 年终止一切形式的童工

8.8 保护劳工权利，推动为所有工人，包括移民工人，特别是女性移民和没有稳定工作的人创造安全和有保障的工作环境

8.9 到 2030 年，制定和执行推广可持续旅游的政策，以创造就业机会，促进地方文化和产品的推广

8.10 加强国内金融机构的能力，鼓励并扩大全民获得银行、保险和金融服务的机会

8.a 增加向发展中国家，特别是最不发达国家提供的促贸援助支持，包括通过《为最不发达国家提供贸易技术援助的强化综合框架》提供上述支持

8. b　到 2020 年，拟定和实施青年就业全球战略，并执行国际劳工组织的《全球就业契约》

目标 9. 建造具备抵御灾害能力的基础设施，促进具有包容性的可持续工业化，推动创新

9.1　发展优质、可靠、可持续和有抵御灾害能力的基础设施，包括区域和跨境基础设施，以支持经济发展和提升人类福祉，重点是人人可负担得起并公平利用上述基础设施

9.2　促进包容可持续工业化，到 2030 年，根据各国国情，大幅提高工业在就业和国内生产总值中的比例，使最不发达国家的这一比例翻番

9.3　增加小型工业和其他企业，特别是发展中国家的这些企业获得金融服务、包括负担得起的信贷的机会，将上述企业纳入价值链和市场

9.4　到 2030 年，所有国家根据自身能力采取行动，升级基础设施，改进工业以提升其可持续性，提高资源使用效率，更多的采用清洁和环保技术及产业流程

9.5　在所有国家，特别是发展中国家，加强科学研究，提升工业部门的技术能力，包括到 2030 年，鼓励创新，大幅增加每 100 万人口中的研发人员数量，并增加公共和私人研发支出

9.a 向非洲国家、最不发达国家、内陆发展中国家和小岛屿发展中国家提供更多的财政、技术和技能支持，以促进其开发有抵御灾害能力的可持续基础设施

9.b 支持发展中国家的国内技术开发、研究与创新，包括提供有利的政策环境，以实现工业多样化，增加商品附加值

9.c 大幅提升信息和通信技术的普及度，力争到 2020 年在最不发达国家以低廉的价格普遍提供互联网服务

目标 10. 减少国家内部和国家之间的不平等

10.1 到 2030 年，逐步实现和维持最底层 40% 人口的收入增长，并确保其增长率高于全国平均水平

10.2 到 2030 年，增强所有人的权能，促进他们融入社会、经济和政治生活，而不论其年龄、性别、残疾与否、种族、族裔、出身、宗教信仰、经济地位或其他任何区别

10.3 确保机会均等，减少结果不平等现象，包括取消歧视性法律、政策和做法，推动与上述努力相关的适当立法、政策和行动

10.4 采取政策，特别是财政、薪资和社会保障政策，逐步实现更大的平等

10.5 改善对全球金融市场和金融机构的监管和监测，并加强上述监管措施的执行

10.6 确保发展中国家在国际经济和金融机构决策过程中享有更大的代表权和发言权，以建立更加有效、可信、负责和合法的机构

10.7 促进有序、安全、正常和负责的移民和人口流动，包括执行合理规划和管理完善的移民政策

10.a 根据世界贸易组织的各项协议，落实对发展中国家，特别是最不发达国家的特殊和区别待遇原则

10.b 鼓励根据最需要帮助的国家，特别是最不发达国家、非洲国家、小岛屿发展中国家和内陆发展中国家的国家计划和方案，向其提供官方发展援助和资金，包括外国直接投资

10.c 到 2030 年，将移民汇款手续费减至 3% 以下，取消费用高于 5% 的侨汇渠道

目标 11. 建设包容、安全、有抵御灾害能力和可持续的城市和人类住区

11.1 到 2030 年，确保人人获得适当、安全和负担得起的住房和基本服务，并改造贫民窟

11.2　到 2030 年，向所有人提供安全、负担得起的、易于利用、可持续的交通运输系统，改善道路安全，特别是扩大公共交通，要特别关注处境脆弱者、妇女、儿童、残疾人和老年人的需要

11.3　到 2030 年，在所有国家加强包容和可持续的城市建设，加强参与性、综合性、可持续的人类住区规划和管理能力

11.4　进一步努力保护和捍卫世界文化和自然遗产

11.5　到 2030 年，大幅减少包括水灾在内的各种灾害造成的死亡人数和受灾人数，大幅减少上述灾害造成的与全球国内生产总值有关的直接经济损失，重点保护穷人和处境脆弱群体

11.6　到 2030 年，减少城市的人均负面环境影响，包括特别关注空气质量，以及城市废物管理等

11.7　到 2030 年，向所有人，特别是妇女、儿童、老年人和残疾人，普遍提供安全、包容、无障碍、绿色的公共空间

11.a　通过加强国家和区域发展规划，支持在城市、近郊和农村地区之间建立积极的经济、社会和环境联系

11.b　到 2020 年，大幅实施综合政策和计划以构建包容、资源使用效率高、减缓和适应气候变化、具有抵御灾害能力的城市和人类住区数量，并根据《2015～2030 年仙台减少灾害风险框架》

在各级建立和实施全面的灾害风险管理

11.c 通过财政和技术援助等方式，支持最不发达国家就地取材，建造可持续的有抵御灾害能力的建筑

目标 12. 采用可持续的消费和生产模式

12.1 各国在照顾发展中国家发展水平和能力的基础上，落实《可持续消费和生产模式十年方案框架》，发达国家在此方面要做出表率

12.2 到 2030 年，实现自然资源的可持续管理和高效利用

12.3 到 2030 年，将零售和消费环节的全球人均粮食浪费减半，减少生产和供应环节的粮食损失，包括收获后的损失

12.4 到 2020 年，根据商定的国际框架，实现化学品和所有废物在整个存在周期的无害环境管理，并大幅减少它们排入大气以及渗漏到水和土壤的机率，尽可能降低它们对人类健康和环境造成的负面影响

12.5 到 2030 年，通过预防、减排、回收和再利用，大幅减少废物的产生

12.6 鼓励各个公司，特别是大公司和跨国公司，采用可持续

的做法，并将可持续性信息纳入各自报告周期

12.7　根据国家政策和优先事项推行可持续的公共采购做法

12.8　到 2030 年，确保各国人民都能获取关于可持续发展以及与自然和谐的生活方式的信息并具有上述意识

12.a　支持发展中国家加强科学和技术能力，采用更可持续的生产和消费模式

12.b　开发和利用各种工具，监测能创造就业机会、促进地方文化和产品的可持续旅游业对促进可持续发展产生的影响

12.c　对鼓励浪费性消费的低效化石燃料补贴进行合理化调整，为此，应根据各国国情消除市场扭曲，包括调整税收结构，逐步取消有害补贴以反映其环境影响，同时充分考虑发展中国家的特殊需求和情况，尽可能减少对其发展可能产生的不利影响并注意保护穷人和受影响社区

目标 13. 采取紧急行动应对气候变化及其影响

13.1　加强各国抵御和适应气候相关的灾害和自然灾害的能力

13.2　将应对气候变化的举措纳入国家政策、战略和规划

13.3 加强气候变化减缓、适应、减少影响和早期预警等方面的教育和宣传，加强人员和机构在此方面的能力

13.a 发达国家履行在《联合国气候变化框架公约》下的承诺，即到 2020 年每年从各种渠道共同筹资 1000 亿美元，满足发展中国家的需求，帮助其切实开展减缓行动，提高履约的透明度，并尽快向绿色气候基金注资，使其全面投入运行

13.b 促进在最不发达国家和小岛屿发展中国家建立增强能力的机制，帮助其进行与气候变化有关的有效规划和管理，包括重点关注妇女、青年、地方社区和边缘化社区

目标 14. 保护和可持续利用海洋和海洋资源以促进可持续发展

14.1 到 2025 年，预防和大幅减少各类海洋污染，特别是陆上活动造成的污染，包括海洋废弃物污染和营养盐污染

14.2 到 2020 年，通过加强抵御灾害能力等方式，可持续管理和保护海洋和沿海生态系统，以免产生重大负面影响，并采取行动帮助它们恢复原状，使海洋保持健康，物产丰富

14.3 通过在各层级加强科学合作等方式，减少和应对海洋酸化的影响

14.4 到 2020 年，有效规范捕捞活动，终止过度捕捞、非法、

未报告和无管制的捕捞活动以及破坏性捕捞做法，执行科学的管理计划，以便在尽可能短的时间内使鱼群量至少恢复到其生态特征允许的能产生最高可持续产量的水平

14.5 到 2020 年，根据国内和国际法，并基于现有的最佳科学资料，保护至少 10% 的沿海和海洋区域

14.6 到 2020 年，禁止某些助长过剩产能和过度捕捞的渔业补贴，取消助长非法、未报告和无管制捕捞活动的补贴，避免出台新的这类补贴，同时承认给予发展中国家和最不发达国家合理、有效的特殊和差别待遇应是世界贸易组织渔业补贴谈判的一个不可或缺的组成部分①

14.7 到 2030 年，增加小岛屿发展中国家和最不发达国家通过可持续利用海洋资源获得的经济收益，包括可持续地管理渔业、水产养殖业和旅游业

14.a 根据政府间海洋学委员会《海洋技术转让标准和准则》，增加科学知识，培养研究能力和转让海洋技术，以便改善海洋的健康，增加海洋生物多样性对发展中国家，特别是小岛屿发展中国家和最不发达国家发展的贡献

---

① 考虑世界贸易组织正在进行的谈判、《多哈发展议程》和香港部长级宣言规定的任务。

14.b 向小规模个体渔民提供获取海洋资源和市场准入的机会

14.c 按照《我们憧憬的未来》第 158 段所述，根据《联合国海洋法公约》所规定的保护和可持续利用海洋及其资源的国际法律框架，加强海洋和海洋资源的保护和可持续利用

目标 15. 保护、恢复和促进可持续利用陆地生态系统，可持续管理森林，防治荒漠化，制止和扭转土地退化，遏制生物多样性的丧失

15.1 到 2020 年，根据国际协议规定的义务，保护、恢复和可持续利用陆地和内陆的淡水生态系统及其服务，特别是森林、湿地、山麓和旱地

15.2 到 2020 年，推动对所有类型森林进行可持续管理，停止毁林，恢复退化的森林，大幅增加全球植树造林和重新造林

15.3 到 2030 年，防治荒漠化，恢复退化的土地和土壤，包括受荒漠化、干旱和洪涝影响的土地，努力建立一个不再出现土地退化的世界

15.4 到 2030 年，保护山地生态系统，包括其生物多样性，以便加强山地生态系统的能力，使其能够带来对可持续发展必不可少的益处

15.5 采取紧急重大行动来减少自然栖息地的退化，遏制生物多样性的丧失，到 2020 年，保护受威胁物种，防止其灭绝

15.6 根据国际共识，公正和公平地分享利用遗传资源产生的利益，促进适当获取这类资源

15.7 采取紧急行动，终止偷猎和贩卖受保护的动植物物种，处理非法野生动植物产品的供求问题

15.8 到 2020 年，采取措施防止引入外来入侵物种并大幅减少其对土地和水域生态系统的影响，控制或消灭其中的重点物种

15.9 到 2020 年，把生态系统和生物多样性价值观纳入国家和地方规划、发展进程、减贫战略及核算

15.a 从各种渠道动员并大幅增加财政资源，以保护和可持续利用生物多样性和生态系统

15.b 从各种渠道大幅动员资源，从各个层级为可持续森林管理提供资金支持，并为发展中国家推进可持续森林管理，包括保护森林和重新造林，提供充足的激励措施

15.c 在全球加大支持力度，打击偷猎和贩卖受保护物种，包括增加地方社区实现可持续生计的机会

目标 16. 创建和平、包容的社会以促进可持续发展，让所有人都能诉诸司法，在各级建立有效、负责和包容的机构

16.1 在全球大幅减少一切形式的暴力和相关的死亡率

16.2 制止对儿童进行虐待、剥削、贩卖以及一切形式的暴力和酷刑

16.3 在国家和国际层面促进法治，确保所有人都有平等诉诸司法的机会

16.4 到 2030 年，大幅减少非法资金和武器流动，加强追赃和被盗资产返还力度，打击一切形式的有组织犯罪

16.5 大幅减少一切形式的腐败和贿赂行为

16.6 在各级建立有效、负责和透明的机构

16.7 确保各级的决策反应迅速，具有包容性、参与性和代表性

16.8 扩大和加强发展中国家对全球治理机构的参与

16.9 到 2030 年，为所有人提供法律身份，包括出生登记

16.10 根据国家立法和国际协议，确保公众获得各种信息，保障基本自由

16.a 通过开展国际合作等方式加强相关国家机制，在各层级提高各国尤其是发展中国家的能力建设，以预防暴力，打击恐怖主义和犯罪行为

16.b 推动和实施非歧视性法律和政策以促进可持续发展

目标 17. 加强执行手段，重振可持续发展全球伙伴关系

筹资

17.1 通过向发展中国家提供国际支持等方式，以改善国内征税和提高财政收入的能力，加强筹集国内资源

17.2 发达国家全面履行官方发展援助承诺，包括许多发达国家向发展中国家提供占发达国家国民总收入 0.7% 的官方发展援助，以及向最不发达国家提供占比 0.15%～0.2% 援助的承诺；鼓励官方发展援助方设定目标，将占国民总收入至少 0.2% 的官方发展援助提供给最不发达国家

17.3 从多渠道筹集额外财政资源用于发展中国家

17.4 通过政策协调，酌情推动债务融资、债务减免和债务重

组，以帮助发展中国家实现长期债务可持续性，处理重债穷国的外债问题以减轻其债务压力

17.5 采用和实施对最不发达国家的投资促进制度

技术

17.6 加强在科学、技术和创新领域的南北合作、南南合作、三方区域合作和国际合作，加强获取渠道，加强按相互商定的条件共享知识，包括加强现有机制间的协调，特别是在联合国层面加强协调，以及通过一个全球技术促进机制加强协调

17.7 以优惠条件，包括彼此商定的减让和特惠条件，促进发展中国家开发以及向其转让、传播和推广环境友好型的技术

17.8 促成最不发达国家的技术库和科学、技术及创新能力建设机制到 2017 年全面投入运行，加强促成科技特别是信息和通信技术的使用

能力建设

17.9 加强国际社会对在发展中国家开展高效的、有针对性的能力建设活动的支持力度，以支持各国落实各项可持续发展目标的国家计划，包括通过开展南北合作、南南合作和三方合作

贸易

17.10 通过完成多哈发展回合谈判等方式，推动在世界贸易组织下建立一个普遍、以规则为基础、开放、非歧视和公平的多边贸易体系

17.11 大幅增加发展中国家的出口，尤其是到 2020 年使最不发达国家在全球出口中的比例翻番

17.12 按照世界贸易组织的各项决定，及时实现所有最不发达国家的产品永久免关税和免配额进入市场，包括确保对从最不发达国家进口产品的原产地优惠规则是简单、透明和有利于市场准入的

系统性问题

政策和机制的一致性

17.13 加强全球宏观经济稳定，包括为此加强政策协调和政策一致性

17.14 加强可持续发展政策的一致性

17.15 尊重每个国家制定和执行消除贫困和可持续发展政策的政策空间和领导作用

多利益攸关方伙伴关系

17.16 加强全球可持续发展伙伴关系，以多利益攸关方伙伴关系作为补充，调动和分享知识、专长、技术和财政资源，以支持所有国家，尤其是发展中国家实现可持续发展目标

17.17 借鉴伙伴关系的经验和筹资战略，鼓励和推动建立有效的公共、公私和民间社会伙伴关系

数据、监测和问责

17.18 到 2020 年，加强向发展中国家，包括最不发达国家和小岛屿发展中国家提供能力建设支持，大幅增加按收入、性别、年龄、种族、民族、移徙情况、残疾情况、地理位置和与各国国情有关的其他特征分类的高质量、及时和可靠数据的获得

17.19 到 2030 年，借鉴现有各项倡议，制定衡量可持续发展进展的计量方法，作为对国内生产总值的补充，协助发展中国家加强统计能力建设

执行手段和全球伙伴关系

60. 我们再次坚定承诺全面执行这一新议程。我们认识到，如果不加强全球伙伴关系并恢复它的活力，如果没有相对具有雄心的执行手段，就无法实现我们的宏大目标和具体目标。恢复全球

伙伴关系的活力有助于让国际社会深度参与，把各国政府、民间社会、私营部门、联合国系统和其他参与者召集在一起，调动现有的一切资源，协助执行各项目标和具体目标。

61. 本议程的目标和具体目标论及实现我们的共同远大目标所需要的手段。上文提到的每个可持续发展目标下的执行手段和目标 17，是实现议程的关键，和其他目标和具体目标同样重要。我们在执行工作中和在监督进展的全球指标框架中，应同样予以优先重视。

62. 可在《亚的斯亚贝巴行动议程》提出的具体政策和行动的支持下，在恢复全球可持续发展伙伴关系活力的框架内实现本议程，包括实现各项可持续发展目标。《亚的斯亚贝巴行动议程》是《2030 年可持续发展议程》的一个组成部分，它支持和补充 2030 年议程的执行手段，并为其提供背景介绍。它涉及国内公共资金、国内和国际私人企业和资金、国际发展合作、促进发展的国际贸易、债务和债务可持续性、如何处理系统性问题以及科学、技术、创新、能力建设、数据、监测和后续行动等事项。

63. 我们工作的中心是制定国家主导的具有连贯性的可持续发展战略，并辅之以综合性国家筹资框架。我们重申，每个国家对本国的经济和社会发展负有主要责任，国家政策和发展战略的作用无论怎样强调都不过分。我们将尊重每个国家在遵守相关国际规则和承诺的情况下执行消贫和可持续发展政策的政策空间和领导权。与此同时，各国的发展努力需要有利的国际经济环境，包括连贯的、相互支持的世界贸易、货币和金融体系，需要加强和改进全球经济治理。还需要在全球范围内开发和协助提供有关知识和技术，开展能力建设工作。我们致力于实现政策连贯性，在各层面为所有参与者提供一个有利于可持续发展的环境，致力于恢复全球可持续发展伙伴关系的活力。

64. 我们支持执行相关的战略和行动方案，包括《伊斯坦布尔宣言和行动纲领》《小岛屿发展中国家快速行动方式（萨摩亚途径）》《内陆发展中国家 2014～2024 年十年维也纳行动纲领》，并重申必须支持非洲联盟 2063 年议程和非洲发展新伙伴关系，因为它们都是新议程的组成部分。我们意识到在冲突和冲突后国家中实现持久和平与可持续发展有很大挑战。

65. 我们认识到，中等收入国家在实现可持续发展方面仍然面临重大挑战。为了使迄今取得的成就延续下去，应通过交流经验、加强协调来进一步努力应对当前挑战，联合国发展系统、国际金融机构、区域组织和其他利益攸关方也应提供更好的、重点更突出的支持。

66. 我们特别指出，所有国家根据本国享有自主权的原则制定公共政策并筹集、有效使用国内资源，对于我们共同谋求可持续发展，包括实现可持续发展目标至关重要。我们认识到，国内资源首先来自经济增长，并需要在各层面有一个有利的环境。

67. 私人商业活动、投资和创新，是提高生产力、包容性经济增长和创造就业的主要动力。我们承认私营部门的多样性，包括微型企业、合作社和跨国公司。我们呼吁所有企业利用它们的创造力和创新能力来应对可持续发展的挑战。我们将扶植有活力和运作良好的企业界，同时要求《联合国工商业与人权指导原则》、劳工组织劳动标准、《儿童权利公约》和主要多边环境协定等相关国际标准和协定的缔约方保护劳工权利，遵守环境和卫生标准。

68. 国际贸易是推动包容性经济增长和减贫的动力，有助于促进可持续发展。我们将继续倡导在世界贸易组织框架下建立普遍、有章可循、开放、透明、可预测、包容、非歧视和公平的多边贸易体系，实现贸易自由化。我们呼吁世贸组织所有成员国加倍努力，迅速结束《多哈发展议程》的谈判。我们非常重视向发展中国家，包括非洲国家、最不发达国家、内陆发展中国家、小岛屿发展中国家和中等收入国家提供与贸易有关的能力建设支持，包括促进区域经济一体化和互联互通。

69. 我们认识到，需要通过加强政策协调，酌情促进债务融资、减免、重组和有效管理，来帮助发展中国家实现债务的长期可持续性。许多国家仍然容易受到债务危机的影响，而且有些国家，包括若干最不发达国家、小岛屿发展中国家和一些发达国家，正身处危机之中。我们重申，债务国和债权国必须共同努力，防止和消除债务不可持续的局面。保持可持续的债务水平是借债国的责任；但是我们承认，贷款国也有责任采用不削弱国家债务可持续性的方式发放贷款。我们将协助已经获得债务减免和使债务数额达到可持续水平的国家维持债务的可持续性。

70. 我们特此启动《亚的斯亚贝巴行动议程》设立的技术促进机制，以支持实现可持续发展目标。该技术促进机制将建立在会员国、民间社会、私营部门、科学界、联合国机构及其他利益攸关方等多个利益攸关方开展协作的基础上，由以下部分组成：联合国科学、技术、创新促进可持续发展目标跨机构任务小组；科学、技术、创新促进可持续发展目标多利益攸关方协作论坛；以及网上平台。

· 联合国科学、技术、创新促进可持续发展目标跨机构任务小组将在联合国系统内，促进科学、技术、创新事项的协调、统一与合作，加强相互配合、提高效率，特别是加强能力建设。任务小组将利用现有资源，与来自民间社会、私营部门和科学界的 10 名代表合作，筹备科学、技术、创新促进可持续发展目标多利益攸关方协作论坛会议，并组建和运行网上平台，包括就论坛和网上平台的模式提出建议。10 名代表将由秘书长任命，任期两年。所有联合国机构、基金和方案以及经社理事会职能委员会均可参加任务小组。任务小组最初将由目前构成技术促进非正式工作组的以下机构组成：联合国秘书处经济和社会事务部，联合国环境规划署，联合国工业发展组织，联合国教育、科学及文化组织，联合国贸易和发展会议，国际电信联盟，世界知识产权组织和世界银行。

· 网上平台负责全面汇集联合国内外现有的科学、技术、创新举措、机制和方案的信息，并进行信息流通和传输。网上平台将协助人们获取推动科学、技术、创新的举措和政策的信息、知识、经验、最佳做法和相关教训。网上平台还将协助散发世界各地可以公开获取的相关科学出版物。我们将根据独立技术评估的结果开发网上平台，有关评估会考虑到联合国内外相关举措的最佳做法和经验教训，确保这一平台补充现有的科学、技术、创新平台，为使用已有平台提供便利，并充分提供已有平台的信息，避免重叠，加强相互配合。

· 科学、技术、创新促进可持续发展目标多利益攸关方协作论坛将每年举行一次会议，为期两天，讨论在落实可持续发展目标的专题领域开展科学、技术和创新合作的问题，所有相关利益攸关方将会聚一堂，在各自的专业知识领域中做出积极贡献。论坛将提供一个平台，促进相互交流，牵线搭桥，在相关利益攸关方之间创建网络和建立多利益攸关方伙伴关系，以确定和审查技术需求和差距，包括在科学合作、创新和能力建设方面的需求和差距，并帮助开发、转让和传播相关技术来促进可持续发展目标。经社理事会主席将在经社理事会主持召开的高级别政治论坛开会之前，召开多利益攸关方论坛的会议，或可酌情在考虑到拟审议的主题，并同其他论坛或会议组织者合作的基础上，与其他论坛或会议一同举行。会议将由两个会员方共同主持，并由两位共同主席起草一份讨论情况总结，作为执行和评估"2015 后议程"工作的一部分，提交给高级别政治论坛会议。

· 高级别政治论坛会议将参考多利益攸关方论坛的总结。可持续发展问题高级别政治论坛将在充分吸纳任务小组专家意见的基础上，审议科学、技术和创新促进可持续发展目标多利益攸关方协作论坛之后各次会议的主题。

71. 我们重申，本议程、可持续发展目标和具体目标，包括执行手段，是普遍、不可分割和相互关联的。

后续落实和评估

72. 我们承诺将系统地落实和评估本议程今后 15 年的执行情况。一个积极、自愿、有效、普遍参与和透明的综合后续落实和评估框架将大大有助于执行工作，帮助各国最大限度地推动和跟踪本议程执行工作的进展，绝不让任何一个人掉队。

73. 该框架在国家、区域和全球各个层面开展工作，推动我们对公民负责，协助开展有效的国际合作以实现本议程，促进交流最佳做法和相互学习。它调动各方共同应对挑战，找出新问题和正在出现的问题。由于这是一个全球议程，各国之间的相互信任和理解非常重要。

74. 各级的后续落实和评估工作将遵循以下原则。

（a）自愿进行，由各国主导，兼顾各国不同的现实情况、能力和发展水平，并尊重各国的政策空间和优先事项。国家自主权是实现可持续发展的关键，全球评估将主要根据各国提供的官方数据进行，因此国家一级工作的成果将是区域和全球评估的基础。

（b）跟踪所有国家执行普遍目标和具体目标的进展，包括执行手段，同时尊重目标和具体目标的普遍性、综合性和相互关联性以及可持续发展涉及的三个方面。

（c）后续评估工作将长期进行，找出成绩、挑战、差距和重要成功因素，协助各国做出政策选择。相关工作还将协助找到必要的执行手段和伙伴关系，发现解决办法和最佳做法，促进国际发展系统的协调与成效。

（d）后续评估工作将对所有人开放，做到包容、普遍参与和透明，还将协助所有相关利益攸关方提交报告。

（e）后续评估工作以人为本，顾及性别平等问题，尊重人权，尤其重点关注最贫困、最脆弱和落在最后面的人。

（f）后续工作将以现有平台和工作（如果有的话）为基础，避免重复，顺应各国的国情、能力、需求和优先事项。相关工作还将随着时间的推移不断得到改进，并考虑到新出现的问题和新制定的方法，同时尽量减少国家行政部门提交报告的负担。

（g）后续评估工作将保持严谨细致和实事求是，并参照各国主导的评价工作结果和以下各类及时、可靠和易获取的高质量数据：收入、性别、年龄、种族、族裔、迁徙情况、残疾情况、地理位置和涉及各国国情的其他特性。

（h）后续评估工作要加强对发展中国家的能力建设支持，包括加强各国、特别是非洲国家、最不发达国家、小岛屿发展中国家和内陆发展中国家以及中等收入国家的数据系统和评价方案的建设。

（i）后续评估工作将得到联合国系统和其他多边机构的积极支持。

75. 将采用一套全球指标来落实和评估这些目标和具体目标。这套全球指标将辅以会员方拟定的区域和国家指标，并采纳旨在为尚无国家和全球基线数据的具体目标制定基线数据而开展工作的成果。可持续发展目标的指标跨机构专家组拟定的全球指标框架将根据现有的任务规定，由联合国统计委员会在 2016 年 3 月前商定，并由经社理事会及联合国大会在其后予以通过。这一框架应做到简明严格，涵盖所有可持续发展目标和具体目标，包括执行手段，保持它们的政治平衡、整合性和雄心水平。

76. 我们将支持发展中国家，特别是非洲国家、最不发达国家、小岛屿发展中国家和内陆发展中国家加强本国统计部门和数据系统的能力，以便能获得及时、可靠的优质分类数据。我们将推动以透明和负责任的方式加强有关的公私合作，利用各领域数据，包括地球观测和地理空间信息，同时确保各国在支持和跟踪进展过程中享有自主权。

77. 我们承诺充分参与在国家以下、国家、区域和全球各层面定期进行的包容性进展评估。我们将尽可能多地利用现有的后续落实和评估机构和机制。可通过国家报告来评估进展，并查明区域和全球各层面的挑战。国家报告将与区域对话和全球评估一起，为各级后续工作提出建议。

国家层面

78. 我们鼓励所有会员国尽快在可行时制定具有雄心的国家对策来全面执行本议程。这些对策有助于向可持续发展目标过渡，并可酌情借鉴现有的规划文件，如国家发展战略和可持续发展战略。

79. 我们还鼓励会员国在国家和国家以下各级定期进行包容性进展评估，评估工作由国家来主导和推动。这种评估应借鉴参考土著居民、民间社会、私营部门和其他利益攸关方的意见，并符合各国的国情、政策和优先事项。各国议会以及其他机构也可以支持这些工作。

区域层面

80. 区域和次区域各级的后续落实和评估可酌情为包括自愿评估在内的互学互鉴、分享最佳做法和讨论共同目标提供机会。为此，我们欢迎区域、次区域委员会和组织开展合作。包容性区域进程将借鉴各国的评估结果，为全球层面（包括可持续发展问题高级别政治论坛）的后续落实和评估工作提出意见建议。

81. 我们认识到，必须巩固加强现有的区域后续落实和评估机制并留出足够的政策空间，鼓励所有会员国寻找交换意见的最恰当区域论坛。我们鼓励联合国各区域委员会继续在这方面支持会员国。

全球层面

82. 高级别政治论坛将根据现有授权，同联合国大会、经社理事会及其他相关机构和论坛携手合作，在监督全球各项后续落实和评估工作方面发挥核心作用。它将促进经验交流，包括交流成功经验、挑战和教训，并为后续工作提供政治领导、指导和建议。它将促进全系统可持续发展政策的统一和协调。它应确保本议程继续有实际意义，具有雄心水平，注重评估进展、成就及发达国家和发展中国家面临的挑战以及新问题和正在出现的问题。它将同联合国所有相关会议和进程、包括关于最不发达国家、小岛屿发展中国家和内陆发展中国家的会议和进程的后续落实和评估安排建立有效联系。

83. 高级别政治论坛的后续落实和评估工作可参考秘书长和联合国系统根据全球指标框架、各国统计机构提交的数据和各区域收集的信息合作编写的可持续发展目标年度进展情况报告。高级别政治论坛还将参考《全球可持续发展报告》，该报告将加强科学与政策的衔接，是一个帮助决策者促进消除贫困和可持续发展的强有力的、以实证为基础的工具。我们请经社理事会主席就全球报告的范围、方法和发布频率举行磋商，磋商内容还包括其与可持续发展目标进展情况报告的关系。磋商结果应反映在高级别政治论坛 2016 年年会的部长级宣言中。

84. 经社理事会主持的高级别政治论坛应根据大会 2013 年 7 月 9 日第 67/290 号决议定期开展评估。评估应是自愿的，鼓励提交报告，且评估应让发达和发展中国家、联合国相关机构和包括民间社会、私营部门在内的其他利益攸关方参加。评估应由国家主导，由部长级官员和其他相关的高级别人士参加。评估应为各方建立伙伴关系提供平台，包括请主要群体和其他相关利益攸关方参与。

85. 高级别政治论坛还将对可持续发展目标的进展，包括对贯穿不同领域的问题，进行专题评估。这些专题评估将借鉴经社理事会各职能委员会和其他政府间机构和论坛的评估结果，并应表明目标的整体性和它们之间的相互关联。评估将确保所有相关利益攸关方参与，并尽可能地融入和配合高级别政治论坛的周期。

86. 我们欢迎按《亚的斯亚贝巴行动议程》所述，专门就发展筹资领域成果以及可持续发展目标的所有执行手段开展后续评估，这些评估将结合本议程的落实和评估工作进行。经社理事会发展筹资年度论坛的政府间商定结论和建议将纳入高级别政治论坛评估本议程执行情况的总体工作。

87. 高级别政治论坛每 4 年在联合国大会主持下召开会议，为本议程及其执行工作提供高级别政治指导，查明进展情况和新出现的挑战，动员进一步采取行动以加快执行。高级别政治论坛下一次会议将在联合国大会主持下于 2019 年召开，会议周期自此重新设定，以便尽可能与四年度全面政策评估进程保持一致。

88. 我们还强调，必须开展全系统战略规划、执行和提交报告工作，以确保联合国发展系统为执行新议程提供协调一致的支持。相关理事机构应采取行动，评估对执行工作的支持，报告取得的进展和遇到的障碍。我们欢迎经社理事会目前就联合国发展系统的长期定位问题开展的对话，并期待酌情就这些问题采取行动。

89. 高级别政治论坛将根据第 67/290 号决议支持主要群体和其他利益攸关方参与落实和评估工作。我们呼吁上述各方报告它们对议程执行工作做出的贡献。

90. 我们请秘书长与会员国协商，为筹备高级别政治论坛 2016 年会议编写一份报告，提出在全球统一开展高效和包容的后续落实和评估工作的重要时间节点，供第七十届联合国大会审议。这份报告应有关于高级别政治论坛在经社理事会主持下开展国家主导的评估的组织安排，包括关于自愿共同提交报告准则的建议。报告应明确各机构的职责，并就年度主题、系列专题评估和定期评估方案，为高级别政治论坛提供指导意见。

91. 我们重申，我们将坚定不移地致力于实现本议程，充分利用它来改变我们的世界，让世界到 2030 年时变得更美好。

附录二 中国 2030 年可持续发展
议程立场文件^①

落实《2030 年可持续发展议程》中方立场文件

2015 年 9 月，联合国发展峰会成功举行。峰会展示了各国追求合作共赢、实现共同发展的美好愿景，通过了《2030 年可持续发展议程》，为未来 15 年各国发展和国际发展合作指明了方向，成为全球发展进程中的里程碑事件。

落实《2030 年可持续发展议程》是发展领域的核心工作。当前世界经济复苏乏力，南北发展差距拉大，国际发展合作动力不足，难民危机、恐怖主义、公共卫生、气候变化等问题困扰国际社会。各国要携手将领导人的承诺转化为实际行动，认真推进落实《2030 年可持续发展议程》。通过发展，应对各种全球性挑战，助力各国经济转型升级，携手走上公平、开放、全面、创新的可持续发展之路，共同提高全人类的福祉。

---

① 资料来源：中华人民共和国外交部网站，http://www.fmprc.gov.cn/web/ziliao _ 674904/zt _ 674979/dnzt _ 674981/qtzt/2030kcxfzyc _ 686343/t1357699.shtml。因为属于译稿，本书引用时根据需要做了部分调整。

一 总体原则

——和平发展原则。各国应秉持联合国宪章的宗旨和原则，坚持和平共处，共同构建以合作共赢为核心的新型国际关系，努力为全球的发展事业和可持续发展议程的落实营造和平、稳定、和谐的地区和国际环境。

——合作共赢原则。牢固树立利益共同体意识，建立全方位的伙伴关系，支持各国政府、私营部门、民间社会和国际组织广泛参与全球发展合作，实现协同增效。各国平等参与全球发展，共商发展规则，共享发展成果。

——全面协调原则。坚持发展为民和以人为本，优先消除贫困、保障民生，维护社会公平正义。牢固树立和贯彻可持续发展理念，协调推进经济、社会、环境三大领域发展，实现人与社会、人与自然和谐相处。

——包容开放原则。致力于实现包容性经济增长，构建包容性社会，推动人人共享发展成果，不让任何一个人掉队。共同构建开放型世界经济，提高发展中国家在国际经济治理体系中的代表性和话语权。

——自主自愿原则。重申各国对本国发展和落实《2030 年可持续发展议程》享有充分主权。支持各国根据自身特点和本国国情制定发展战略，采取落实《2030 年可持续发展议程》的措施。

尊重彼此的发展选择，相互借鉴发展经验。

——"共同但有区别的责任"原则。鼓励各国以落实《2030年可持续发展议程》为共同目标，根据"共同但有区别的责任"原则、各自国情和各自能力开展落实工作，为全球落实进程做出各自贡献。

二 重点领域和优先方向

——消除贫困和饥饿。贫困是当前国际社会面临的首要挑战和实现可持续发展的主要障碍。要把消除贫困摆在更加突出位置，积极开展精准扶贫、精准脱贫。提高农业生产水平和粮食安全保障水平，为消除贫困打下基础。

——保持经济增长。经济增长是消除贫困、改善民生的根本出路。要制定适合本国国情的经济政策，调整优化经济结构，着力改变不可持续的消费和生产模式。实施创新驱动发展战略，加强科技创新和技术升级，拓展发展动力新空间，推动经济持续、健康、稳定增长。

——推动工业化进程。统筹推进包容和可持续工业化和信息化、城镇化、农业现代化建设，为城乡区域协调发展、经济社会协调发展注入动力。在改造提升传统产业的基础上，培育壮大先进制造业和新兴产业。

——完善社会保障和服务。健全就业、教育、社保、医疗等公共服务体系，稳步提高基本公共服务均等化水平。实施更积极的就业政策，完善创业扶持政策，鼓励以创业带动就业。保障弱势群体在内的每个人的受教育权利，提高教育质量，保障全民享有终身学习机会。实施最低社会保护，扩大社会保障覆盖面。完善基本医疗服务制度，促进基本医疗卫生服务的公平性和可及性，维护每个人的生存尊严。

——维护公平正义。把增进民众福祉、促进人的全面发展作为发展的出发点和落脚点。坚持以人为本，消除机会不平等、分配不平等和体制不平等，让发展成果更多、更公平惠及全体人民。促进性别平等，推动妇女全面发展，切实加强妇女、未成年人、残疾人等社会群体权益保护。

——加强环境保护。树立尊重自然、顺应自然、保护自然的生态文明理念。加大环境治理力度，以提高环境质量为核心，推进大气、水、土壤污染综合防治，形成政府、企业、公众共治的环境治理体系。推进自然生态系统保护与修复，保护生物多样性，可持续管理森林，加强海洋环境保护，筑牢生态安全屏障。

——积极应对气候变化。坚持共同但有区别的责任原则、公平原则和各自能力原则，加强应对气候变化行动，推动建立公平合理、合作共赢的全球气候治理体系。把应对气候变化纳入国家经济社会发展战略，坚持减缓与适应并重，增强适应气候变化能力，深化气候变化多双边对话交流与务实合作。

——有效利用能源资源。全面推动能源节约，开发、推广节能技术和产品，建立健全资源高效利用机制，大幅提高资源利用综合效益。建设清洁低碳、安全高效的现代能源体系，促进可持续能源发展。大力发展循环经济，培养绿色消费意识，倡导勤俭节约的生活方式。建设节水型社会，实施雨洪资源利用、再生水利用、海水淡化。

——改进国家治理。全面推进依法治国，把经济社会发展纳入法治轨道。促进国家治理体系和治理能力现代化。创新政府治理理念，强化法治意识和服务意识。改进政府治理方式，充分运用现代科技改进社会治理手段。加强社会治理基础制度建设，构建全民共建共商共享的社会治理格局。

三　落实途径

——增强各国发展能力。实现发展归根到底要靠一国自身的努力。各国政府应当承担首要责任，将落实《2030 年可持续发展议程》与本国发展战略有机结合，相互促进，形成合力。要以促进发展为政策导向，完善体制机制，加大公共资源投入，加快科技创新，带动各界共同参与发展事业，增强本国发展的内生动力。联合国及其专门机构应帮助成员国提高落实《2030 年可持续发展议程》的能力。

——改善国际发展环境。各国要坚持走和平发展道路，共同维护地区稳定与世界和平安全。推动多边贸易体制均衡、共赢、包容发展，形成公正、合理、透明的国际经贸、投资规则体系，促进生产要素有序流动、资源高效配置、市场深度融合。推动完善国际经济治理体系改革，支持发展中国家平等参与全球经济治理，切实提高其代表性和发言权，积极参与全球供应链、产业链、价值链，实现可持续的经济增长。

——优化发展伙伴关系。推动建立更加平等均衡的全球发展伙伴关系，坚持南北合作主渠道，发达国家应及时、足额履行官方发展援助承诺，加大对发展中国家特别是非洲和最不发达国家、小岛屿发展中国家资金、技术和能力建设等方面的支持，要充分发挥技术促进机制的作用，促进发展中国家科技开发以及向其转让、传播和推广环境友好型的技术。应进一步加强南南合作，稳妥开展三方合作，鼓励私营部门、民间社会、慈善团体等利益攸关方发挥更大作用。加强基础设施互联互通建设和国际产能合作，实现优势互补。

——健全发展协调机制。将发展问题纳入全球宏观经济政策协调范畴，推动经济、金融、贸易、投资等各项政策服务发展事业，确保发展中国家深度参与全球经济，共享发展红利。加快区域一体化进程，提升区域整体竞争力。充分发挥联合国的政策指导和统筹协调作用，更好地统筹经济、社会、环境三大领域工作，支持联合国发展系统、专门机构、基金和方案发挥各自优势，根据授权积极推动落实《2030 年可持续发展议程》，增加发展资源，推进国际发展合作。支持二十国集团（G20）制定一个有意义、可执行的 G20 落实发展议程整体行动计划，发挥 G20 在落实发展议程中的表率作用，并同联合国进程有机统一。

——完善后续评估体系。充分发挥联合国可持续发展高级别政治论坛在后续评估中的核心作用，定期开展全球落实进程评估工作。应加强国际层面执行手段的监督，全面审议发展筹资、技术转让、能力建设等承诺的落实进展，重点审议官方发展援助承诺落实情况。鼓励加强区域合作，欢迎区域、次区域委员会和组织发挥积极作用。国别层次评估应赋予各国充分政策空间和灵活性，由各国根据本国国情，按自愿原则对落实情况进行评估。可持续发展目标指标框架制定应坚持"共同但有区别的责任"等原则，帮助发展中国家加强统计能力建设，提高数据的质量和及时性。

四　中国的政策

中国是世界上最大的发展中国家，始终坚持发展是第一要务。未来一段时间，中国将以创新、协调、绿色、开放、共享的发展理念为指导，统筹推进经济建设、政治建设、文化建设、社会建设和生态文明建设，确保如期全面建成小康社会。中国将坚持创新发展，实施创新驱动发展战略，着力提高发展的质量和效益。坚持协调发展，推进区域协同、城乡一体、物质文明精神文明并重、经济建设国防建设融合，着力形成平衡发展结构。坚持绿色发展，推动形成绿色低碳发展方式和生活方式，积极应对气候变化，着力改善生态环境。坚持开放发展，努力提高对外开放水平，协同推进战略互信、经贸合作、人文交流，着力实现合作共赢。坚持共享发展，注重机会公平，保障基本民生，着力增进人民福祉。

中国高度重视《2030 年可持续发展议程》，各项落实工作已经全面展开。今年 3 月，第十二届全国人民代表大会第四次会议审议通过了"十三五"规划纲要，实现了 2030 年可持续发展议程与国家中长期发展规划的有机结合。中国将加强《2030 年可持续发展议程》的普及和宣传，积极动员全社会力量参与落实工作，提升国内民众的认知，营造有利的社会环境。中国将以促进和服务可持续发展为标准，加强跨领域政策协调，调整完善相关法律法规，为落实工作提供政策和法治保障。中国已经建立了落实工作国内协调机制，43 家政府部门将各司其职，保障各项工作顺利推进。今后 5 年，中国将帮助现有标准下 5575 万农村贫困人口全部脱贫，这是中国落实《2030 年可持续发展议程》的重要一步，也是中国下定决心必须争取实现的早期收获。

中国始终秉持开放、包容的态度推进落实工作，愿同各方加强沟通协调，携手加快全球落实进程。中国将制定落实《2030 年可持续发展议程》的国别方案，并适时对外发布。中国将参加今年 4 月举行的实现可持续发展目标联大高级别主题辩论会。中国还将参加今年 7 月联合国可持续发展高级别政治论坛的国别自愿陈述，介绍落实进展情况，交流发展经验，听取各方建设性意见和建议。

中国利用主办 2016 年二十国集团（G20）杭州峰会的契机，将包容和联动式发展列为峰会的 4 个重点议题之一，重点讨论落实《2030 年可持续发展议程》等问题，首次将发展问题全面纳入领导人级别的全球宏观经济政策协调框架，并摆在突出位置。中国将同其他 G20 成员一道，优化 G20 发展领域政策协调，将落实发展议程纳入各个工作机制的全年计划。我们正在共同起草 G20 落实《2030 年可持续发展议程》行动计划，倡导 G20 成员把本国落实工作同全球进程更好结合起来。我们还提出支持非洲及其他最不发达国家工业化议题，推动 G20 主动回应发展中国家特别是非洲国家诉求。在此过程中，我们将同联合国保持密切沟通，将 G20 落实工作与联合国主导进程有机统一。中国还将积极开展外围对话，充分听取非 G20 国家尤其是发展中国家的意见，确保 G20 的行动能满足各国发展的切实需要。中国期待通过世界主要经济体的集体行动，为落实发展议程提供政治推动力和有力保障。

中国是一个负责任的发展中大国，在做好自身发展工作的同时，将继续积极参与全球发展合作，并做出力所能及的贡献。中国向 120 多个发展中国家落实千年发展目标提供了支持和帮助，为推动全球发展发挥了重要作用。未来，中国将不断深化南南合作，帮助其他发展中国家做好《2030 年可持续发展议程》的落实工作。中国将认真落实习近平主席出席联合国成立 70 周年系列峰会期间宣布的各项务实举措，从资金、技术、能力建设等多个方面为发展中国家提供自愿支持，为全球发展事业提供更多有益的公共产品。中国正在筹建南南合作援助基金，并将争取早日启动运行。南南合作与发展学院将在 2016 年内正式挂牌成立，并启动招生工作，面向发展中国家提供博士、硕士学位教育和短期培训名额，交流和分享发展经验，为各国发展事业提供智力支持。中国已经同联合国签署了"中国 - 联合国和平与发展基金"协议，基金将在 2016 年投入运营，为和平与发展领域的相关项目提供资金支持。

中国还将继续大力推进"一带一路"建设，推动亚洲基础设施投资银行和金砖国家新开发银行发挥更大作用，为全球发展作出应有的贡献。

展望未来，中国将继续坚持以落实《2030 年可持续发展议程》为己任，坚持走互利共赢、共同发展的道路。中国愿与世界各国携手并肩，合力打造人类命运共同体，为实现各国人民的美好梦想而不懈努力。

索 引

巴厘路线图　54

《巴黎协定》　21，54，63，76～78，
　83，87，90，93，120，122，125，
　151，167，180

《百万种声音：我们想要的世界》　21

包容性和可持续的经济增长　32

《保护生物圈》　14

《北方和南方：争取世界的生存》　15

波普化　54

《长程越界空气污染公约》　14

地球峰会　17，18

《地球谈判公报》　17

地球之友　13

《多哈宣言》　121

发展选择组织　16

《福尼科斯报告》　13

改变道路　17

高碳锁定　86

戈尔悖论　78，80，82

《哥本哈根协议》　20，54，122

工业革命　1，2，76～78，82，165，
　167，172，173，181

工业文明　1，2，10，11，64，76～79，
　82～84，86，87，90，95，100，101，
　108，109，152，153，156，180～182

共同但有区别的责任　122

国际话语体系　156

国家自主决定的贡献　54

国民经济核算体系　76，84，85

伙伴关系　7，9～11，20，21，23，
　24，26，38～40，86，89，149，153，
　165，171，172

极限效应　130

《寂静的春天》　3，12，79

《京都议定书》　20，54，63，81，
　90，125，167

开放工作组　6，22，23，79

可持续发展经济学　112

可持续发展目标　4，6～8，10，11，
　22～26，28～45，47，48，58，65，

66，69～74，78，79，85，89～91，95，101，104，108，119～121，124，126，135，150，151，162，168～174，176～180

可持续发展目标指数　64～70，72，85

可持续工业化　9，24，32，35

可持续生产与消费　6，10，32，119，129，168

劳动价值论　180，182

《联合国海洋法公约》　15，124

联合国贸易和发展会议　120

《联合国气候变化框架公约》　20，21，36，54，81，120，180

《联合国世界大自然宪章》　15

零碳能源　60，84

绿化带运动　14，20

绿色发展理念　105，155，158

绿色和平　13

麦克萨里改革　96

《蒙特雷共识》　121

《蒙特利尔破坏臭氧层物质管制议定书》　16，37

内陆发展中国家　33，39，40，149，168

能源革命　82，154，155

普遍适用性　10，25，42～44

气候变化　7，9，15，17，20，23，32，35～37，44，52～54，59，70，72～74，78，80，81，84，86，93，119～126，135，150，151，154，160～164，166～168，170，177

千年发展目标　4，5，7，8，19，22，23，26～34，36～40，42，43，74，77，89，90，135，136，138，139，143，148，166

《千年生态系统评估报告》　20

《千年宣言》　4，121，135

全球公共产品　36

全球可持续性指数　18

全球能源互联网　154，155

《人口爆炸》　12

人口红利　133

人类发展指数　58，59，64，81，85，173，174，179

人类命运共同体　178

三大支柱　4，10，46，86，153，165，168，169，171，172

伞形国家　53

生态保护红线　103，104，109，113，117，164

生态补偿　95～99，103，110，113，114，116，117，126，156，164

生态文明　1，8～12，21，64，76，79，83，91～93，95，100～109，111～117，139，148，150～156，158，162，164，165，180～182

生态系统服务价值　43

斯德哥尔摩人类环境会议　168

四梁八柱　103，105，106

《我们憧憬的未来》　6，44，46

《我们共同的未来》　3，16

小岛屿发展中国家　30，33，38～40，
142，149

《亚的斯亚贝巴行动议程》　21，121

一个也不落下　44，49，90，178，179

责任关怀　16

增长极限　14

转轨国家　53，54，63，64，81，82

转型变革性　41～43，51

转型发展　1，8，23，40，43，44，

48，76，77，79，101，157，176，180

资源税改革　114

资源有偿使用制度　103，110，112～114

自然资源的可持续管理　35

自然资源资产产权制度　103，104，
108，109，113，114

自愿性国际标准　18

最不发达国家　3，5，27，30，33～
35，39，40，45，51，123，141，
142，149，150，168，175，176，179

SMART 标准　42，43

OECD 国家　3，5，70，72，74

5P 理论　23

后　记

　　本书是"2030年可持续发展议程研究书系"的一本。本书系的编撰出版，受到中国社会科学院各级领导的支持与鼓励。中国社会科学院王伟光院长，对书系研究给予高度肯定，蔡昉副院长亲自领衔主持书系的研究和出版工作。中国社会科学院城市发展与环境研究所和社会科学文献出版社对这一重要书系的出版提供了大量的人力、物力和财力支持，谨此深表谢忱。

　　本书的撰写，有些内容基于现有的研究成果，有些内容是全新的研究成果。城市发展与环境研究所的研究团队对本书系的研究成果有着重要而巨大的贡献。团队成员包括陈迎、庄贵阳、陈洪波、李庆、郑艳、王谋、李萌、禹湘、廖茂林等。陈迎不仅多次参与本书大纲的讨论、交流，而且承担了组建作者团队的重要工作。薛书鹏、刘杰、潘术怡、方玺、白帆等也对本书提供了秘书支持和相关协助。社会科学文献出版社各位编辑专业、敬业、高效的工作，令人印象深刻。对他们的支持和贡献表示感谢。

潘家华

2016 年 8 月 10 日

图书在版编目（CIP）数据

2030 年可持续发展的转型议程：全球视野与中国经验 / 潘家华，陈孜著 . -- 北京：社会科学文献出版社，2016.8（2023.7 重印）

（2030 年可持续发展议程研究书系）

ISBN 978 - 7 - 5097 - 9627 - 6

Ⅰ. ①2… Ⅱ. ①潘… ②陈… Ⅲ. ①可持续性发展 - 研究 - 世界 Ⅳ. ①X22

中国版本图书馆 CIP 数据核字（2016）第 201482 号

·2030 年可持续发展议程研究书系·

2030 年可持续发展的转型议程
——全球视野与中国经验

著　　者／潘家华　陈　孜

出 版 人／王利民
项目统筹／恽　薇　陈凤玲
责任编辑／陈凤玲
责任印制／王京美

出　　版／社会科学文献出版社·经济与管理分社（010）59367226
　　　　　地址：北京市北三环中路甲 29 号院华龙大厦　邮编：100029
　　　　　网址：www.ssap.com.cn
发　　行／社会科学文献出版社（010）59367028
印　　装／北京虎彩文化传播有限公司

规　　格／开本：787mm × 1092mm　1/16
　　　　　印张：17　字数：195 千字
版　　次／2016 年 8 月第 1 版　2023 年 7 月第 4 次印刷
书　　号／ISBN 978 - 7 - 5097 - 9627 - 6
定　　价／68.00 元

读者服务电话：4008918866